高等职业学校西式烹饪工艺专业教材

西点
原料教程

The Ingredients Course of Pastry

时 蓓 钱 峰 张 艳 ◎主编

中国轻工业出版社

图书在版编目（CIP）数据

西点原料教程 / 时倍，钱峰，张艳主编. —北京：
中国轻工业出版社，2021.8
高等职业学校西式烹饪工艺专业教材
ISBN 978-7-5184-3322-3

Ⅰ.①西… Ⅱ.①时… ②钱… ③张… Ⅲ.①西点 –
原料 – 高等职业教育 – 教材 Ⅳ.① TS213.23

中国版本图书馆CIP数据核字（2020）第258822号

责任编辑：方晓艳 责任终审：白 洁 整体设计：锋尚设计
策划编辑：史祖福 责任校对：晋 洁 责任监印：张 可

出版发行：中国轻工业出版社（北京东长安街6号，邮编：100740）
印 刷：艺堂印刷（天津）有限公司
经 销：各地新华书店
版 次：2021年8月第1版第1次印刷
开 本：787×1092 1/16 印张：10
字 数：200千字
书 号：ISBN 978-7-5184-3322-3 定价：42.00元
邮购电话：010-65241695
发行电话：010-85119835 传真：85113293
网 址：http://www.chlip.com.cn
Email：club@chlip.com.cn
如发现图书残缺请与我社邮购联系调换
190661J2X101ZBW

本书编委会

主　编：

时　蓓（江苏省徐州技师学院）

钱　峰（江苏省徐州技师学院）

张　艳（湖南省商业技师学院）

副主编：

程　璞（江苏省徐州技师学院）

华　蕾（浙江旅游职业学院）

邢　君（济南市技师学院）

编　委：

陈小雨（苏州市太湖旅游中等专业学校）

韩雨辰（重庆商务职业学院）

邵泽东（宁波市古林职业高级中学）

高敬严（长垣烹饪职业技术学院）

前言

近年来，随着社会经济的发展以及中外饮食文化交流的开展，我国的西点行业也得到了迅速发展，各类西点产品遍及市场，进入千家万户，专业的人才需求已出现供不应求的局面，各类学校以及社会培训机构相继开设了西点专业，大型酒店也需要大量的西点制作技术人员。职业院校是西点专业学习的重要途径，随着国家对职业教育越来越重视，职业教育的发展势头空前高涨，这为西点专业奠定了良好的学习教育基础。

《西点原料教程》是根据西点专业编写的一门专业基础课程。在西点专业的教学中，关于制作技术方面的教材很多，但关于西点原料知识方面的介绍很少，特别是对西点原料的性质特点等方面介绍得更少。在西点专业教学中，一直没有一本比较系统、比较完善的有关原料的教材，为了更好地适应专业学习，我们在借鉴以往原料教学的基础上，组织有关人员编写了这本《西点原料教程》教材。本书作为职业教育西点制作方面的专业基础课教材之一，特别强调了西点制作中常用的原料，对其具体品种的性质特点、具体运用加以详述。全书内容丰富、结构恰当、通俗易懂，是西点教学中不可缺少的重要组成部分，本着实用为主、够用为度的原则，为学生的就业和实际操作打下良好的基础。

本教材既可作为高职院校西式烹饪专业的教材使用，也可作为中职院校西点专业教材使用，同时也可供社会培训机构使用。

本教材由江苏省徐州技师学院时蓓、钱峰和湖南省商业技师学院张艳担任主编，江苏省徐州技师学院程璞、浙江旅游职业学院华蕾、济南市技师学院邢君担任副主编，苏州市太湖旅游中等专业学校陈小雨、重庆商务职业学院韩雨辰、宁波市古林职业高级中学邵泽东、长垣烹饪职业技术学院高敬严参与编写工作。全书由时蓓进行统稿整理。

在本教材编写过程中，得到了江苏省徐州技师学院、湖南省商业技师学院、浙江旅游职业学院、济南市技师学院、苏州市太湖旅游中等专业学校、重庆商务职业学院、宁波市古林职业高级中学、长垣烹饪职业技术学院以及中国轻工业出版社的大力支持，在此表示衷心的感谢。

由于编写时间仓促、编者水平有限，缺点遗漏在所难免，恳请专家、同行及广大读者批评指正。

编者

2021年5月

目录

第一章

西点原料基础

章节导读

　　西点原料是指在西点加工制作中使用的具有一定食用价值的物质，也是西餐烹饪原料中一个重要的组成部分。西点原料的品质，主要取决于西点原料的食用价值之高低和加工性能之好坏。其食用价值主要取决于西点原料的安全性和营养性；其加工性能主要取决于西点加工制作过程的工艺。西点原料品种繁多，从业者在长期的生产实践中积累了丰富的经验。这就需要我们逐步深入地研究其自然属性和应用原理，使之成为更加完善、更加系统的学科知识。

　　通过本章的学习，进一步了解西点原料的选料和品质鉴定的意义，掌握原料品质鉴定的依据和标准、方法，能够选择高质量的原料，并对采购的原料选择合适的贮藏方法进行保管，以达到在不影响原料品质的前提下延长原料保存期的目的。

学习目标

1. 了解西点原料的概念。

2. 了解西点原料化学成分及分类方法。

3. 掌握西点原料品质鉴别的指标及方法。

4. 掌握影响西点原料品质变化的因素。

5. 掌握保管西点原料的常用方法。

第一节 西点原料概述

一、西点原料的概念

西点，是西式面点的简称，主要是指来源于欧美国家的点心。它是以面、糖、油脂、鸡蛋和乳品为主要原料，辅以干鲜果品、肉制品和调味品，经过调制、成形、成熟、装饰等工艺过程制成的具有一定色、香、味、形的营养食品。

西点原料是指在西点加工制作中使用的，具有一定食用价值的物质，也是西餐烹饪原料中一个重要的组成部分。

西点原料的品质，主要取决于西点原料的食用价值之高低和加工性能之好坏。其食用价值主要取决于西点原料的安全性和营养性；其加工性能主要取决于西点加工制作过程的工艺。

西点原料品种繁多，从业者在长期的生产实践中积累了丰富的经验。这就需要我们逐步深入地研究其自然属性和应用原理，使之成为更加完善、更加系统的学科知识。

二、西点原料研究内容

西点原料知识是以西点加工制作过程中所使用的原料为研究对象，着重研究西点原料的性质特点、化学成分、营养价值、形态结构、产地季节、品质鉴定、贮存保管、运用等内容。

1. 西点原料的化学成分

掌握和研究西点原料的化学成分，有助于了解西点原料的营养特点和营养价值，了解西点原料在加工制作中发生的化学变化，从而分析化学成分在原料加工过程中的变化，以便在加工过程中对原料的化学成分加以保护。

2. 西点原料的形态结构

了解和掌握原料的形态结构，能正确地识别和加工原料，根据原料的形态结构特点，分析原料的质地、口感、水分、重量等方面的变化，能使原料在加工过程中合理地运用。

3. 西点原料的产地、上市季节

了解和掌握西点原料的产地（区域性）和上市季节（季节性），能充分发挥世界各地名特原料的优势，制作出地方名特产品；正确掌握原料的上市季节，有助于提高产品的质量和特色，保持产品的时令性。

4．西点原料的鉴定和保管

了解和掌握西点原料品质鉴定的标准和方法，研究西点原料贮存保管的原理和方法，能更加准确地判断西点原料品质的优劣，从而正确地选择原料，延长原料的使用时间，减少对原料的浪费，合理使用原料。

三、学习西点原料知识的意义

1．学习西点原料知识是学好西点加工工艺的基础

西点原料知识是西点工艺专业的专业基础课，掌握西点原料知识是西点加工工艺的开始，是物质基础，是加工工艺的依据，没有西点原料，就谈不上西点加工工艺。西点原料的好坏是决定西点产品质量好坏的重要因素。掌握和了解西点原料的性能和特点，有助于西点工艺水平的发挥，掌握更多更新的原料，有助于西点产品的创新和提高。

2．学习西点原料知识是充分发挥西点原料食用价值的需要

西点原料富含人类所需的各种营养物质，同时还含有各种风味物质。西点原料的食用价值决定着西点产品的食用价值，掌握西点原料知识，能充分发挥和保持西点原料经过加工后的最大营养价值和食用价值，使其不论在营养成分上还是在产品风味上，达到最佳状态。

3．学习西点原料知识，有助于产品的创新，创造出更多的品种

时代不断前进，人类不断进步，科学不断发展，新原料、新工艺、新产品不断推出。学习西点原料知识，有助于不断认识新原料，利用原料的共性特点，不断创新，从而丰富产品的品种，只有不断地研究原料的性质特点，才能对原料应用自如，才能创新出新工艺，创造更多的新设备，为西点制作工艺服务。

4．学习西点原料知识，有助于科学地认识和发展西点体系

学习和掌握西点知识，有助于我们将传统的实践工艺经验和现代的科学知识结合起来，对西点原料进行科学的研究、总结、分析其发展和应用的内在规律，从而使西点工艺更加科学化，使其理论和实践体系更加完善，形成一套科学的西点工艺体系。

第二节　西点原料的分类

一、西点原料分类的意义

世界地大物博，地理环境复杂，地域风俗多样，为各种动植物的生长和加工应用提供了良好的自然环境和人为环境。目前，能被人们所食用的原料近万种，而原料加工后的成品更是丰富多彩。就西点而言，由于其加工方法、口味等变化，其原料也是千变万化。因此，要认真、系统、全面、深入地研究西点原料，就要对西点原料进行一个科学的分类，按照一定的标准要求进行。科学严谨地对原料分类，能使我们更好地利用自然科学知识来认识原料的共性和个性，并加以总结归纳，促进西点原料的科学研究。

通过分类，能使西点原料得到统一，可全面反映西点原料的全貌，科学合理地认识原料，从而指导工作人员科学地选择利用、合理加工、检验和保管；能系统地认识西点原料的有关知识及西点原料与加工工艺的联系及具体运用。科学地对原料分类，还有助于对西点原料的开发和利用，促进西点技术的发展。

因此，掌握西点原料的分类方法，对西点理论的研究和加工工艺水平的提高有着重要意义。

二、西点原料的分类方法

西点原料的分类，就是按照一定的标准，对制作原料进行分门别类。

1. 按原料的来源属性分类

（1）植物性原料　包括粮食、蔬菜、果品、一些天然香料等。

（2）动物性原料　包括畜兽、禽、鱼、虾、蟹、贝等。

（3）矿物性原料　包括食盐、碱、矾等。

（4）人工合成原料　包括一些添加剂，如一些食用色素、香料等。

将原料按照来源属性划分，能较好地反映各种原料的性质特点，突出原料的本身属性，有较强的科学性，简单明了，界限分明，但此种分类方法所含范围较广，还需对原料进行进一步分类。

2. 按原料在西点中的应用分类

（1）主料　指西点制作中所使用的主要原料。

（2）配料　指西点制作中所使用的辅助原料。

（3）调料 指西点制作中所使用的调味品原料。

（4）辅助料 指在西点制作中所使用能帮助西点成熟、成形、着色等辅助作用的原料。如水、油、食用色素等。

按原料在西点中的应用分类，能反映原料在西点制作中的不同作用和地位，突出原料在西点中的实际应用，与西点专业结合紧密，但反映不出原料的基本属性和特点。由于原料在制作不同品种时，其地位会发生变化，其所起的作用也不同，如一种原料在这个西点品种中作主料，但在另一个品种中却成为辅料，因此，分类比较笼统。

3. 按原料的工艺和用途分类

（1）皮坯原料 如面粉、米粉等。

（2）馅料原料 如各种动植物原料。

（3）调味料 如食盐、味精、酱油、香料等。

（4）辅佐原料 如食用色素、香精等。

此类方法结合西点工艺较为密切，从西点工艺角度看一目了然，但局限性较大。

4. 其他分类

（1）按西点品种食用的温度分类 可分为常温类、冷点类和热点类。

（2）按用途分类 可分为零售类、宴会类、酒会类、自助餐类和茶点。

（3）按厨房分工分类 可分为面包类、糕饼类、冷冻品类、巧克力类、精制点心类和工艺造型类。这种分类方法概括性强，基本上包含了西点生产的所有内容。

（4）按制品加工工艺及坯料性质分类 可分为蛋糕类、混酥类、清酥类、面包类、泡芙类、饼干类、冷冻甜食类、巧克力类等。此种分类方法较普遍地应用于行业及教学中。

第三节 西点原料的化学成分

原料的种类繁多，但都是由基本化学成分所组成。其中能够提供人体正常生理功能所必需的营养及能量的化学成分称为营养素，主要由无机物和有机物两大类组成，无机物包括水和各种矿物质；有机物包括碳水化合物、蛋白质、脂肪和维生素。除此以外还有色素和挥发性的呈味物质和呈香物质，这些成分含量较少，但对西点的质量有很大影响。

一、碳水化合物

碳水化合物又称为糖，主要供给人体热能。碳水化合物的存在形式主要是淀粉和纤维素，主要类型有单糖、双糖和多糖。原料中的含糖量与原料的种类、品种、生长环境和生长成熟度有很大关系，粮食中淀粉的含量最高，蔬菜、水果中单糖和双糖的含量较多。

二、蛋白质

原料中蛋白质的种类很多，一般动物性原料中的蛋白质要比植物性原料中的蛋白质含量要高，质量也好。蛋白质的组成单位是氨基酸，其结构复杂。目前从蛋白质分离出的氨基酸约有20多种，是组成人体组织的重要组成成分，根据人体的需要可分为必需氨基酸和非必需氨基酸，必需氨基酸是人体不能合成，必须从食物中摄取，非必需氨基酸是人体内可由其他物质转化得到而不一定依靠食物摄取。

三、矿物质

矿物质又称无机盐，是人体不可缺少的物质。人体缺乏这些矿物质，就会引起机体组织和生理上的异常，但如果摄入量过多，也会危及人体健康。

四、维生素

维生素是维持人体生长和正常新陈代谢所不可缺少的营养素。目前已发现的维生素有几十种，按其溶解性可分为脂溶性维生素和水溶性维生素。脂溶性维生素主要有：维生素A、维生素D、维生素E、维生素K等，只溶于脂类或脂溶剂，不溶于水；水溶性维生素主要有：B族维生素和维生素C等，易溶于水，在人体内一般不能储存，过多的水溶性维生素会随着排泄物排出体外。

五、脂肪

脂肪是原料中重要的组成部分，也是西点中常用的原料之一，可以提供人体热能和必需脂肪酸，也是脂溶性维生素的主要载体，其构成有脂肪酸和甘油分子，脂肪酸的种类很多，可分为饱和脂肪酸和不饱和脂肪酸，饱和脂肪酸熔点高，消化率低；不饱和脂肪酸熔点低，消化率高。一般来讲，植物性脂肪含不饱和脂肪酸较动物性脂肪含不饱和脂肪酸要高。

六、水分

原料中的水分与原料的种类有关，新鲜蔬菜、水果中含水量较高，谷类和豆类含水量较低。原料中的水分可分为自由水和束缚水，自由水易结冰，可作为溶质的溶剂，束缚水不宜结冰，比较稳定。含水量高的原料，保管时不易贮存。

第四节　西点原料的品质检验

一、西点原料品质检验的意义

西点原料的品质好坏，直接决定着西点成品的质量，而区分原料品质的好坏，首先需要对原料进行检验。所谓原料的品质检验，就是人们利用一定的检验手段和方法，通过检验原料固有性质特征的变化来判断原料的质量。它是保证西点质量的前提，在具体实践中，做好对原料的品质检验工作，对实践有着十分重要的意义。

原料品质检验的过程，实际上就是对原料选用的过程，对原料的选用，就是我们实际生活中的选料。选料必须结合产品特色和原料特点而进行。因此，选料前，必须熟悉原料的各种性质特点及加工烹饪后的变化，要知道西点品种的质量特色，有目的地进行选料。在选料的过程中不经过品质检验，是无法达到选料的效果和目的的。

原料从采集到加工烹饪处理，有一个时间过程，这个过程受到时间、地域等因素限制。原料在储存的过程中，由于受到外部环境因素的变化，加之自身各种因素的作用，从而使原料会出现不同程度的变化，这种变化直接影响了原料的使用价值及食用价值，严重的变化会使原料失去食用价值，起到一定的反作用。因此，对原料的品质检验，要确定原料变化的程度，检验其食用价值和使用价值的大小变化，这个过程是对原料性质进一步理解的过程，要对原料出现变化的各种因素有个明确的认识，从而为原料的检验提供依据，为原料的贮存和保管提供有效的依据和方法。因此，对原料的品质检验也是每一个西点工作者应该具备的基本知识。

二、西点原料品质检验的依据和标准

对原料品质好坏的检验方法很多。但不论使用何种方法进行检验，都有一定的标准和要求，这个标准和要求是人们根据原料自身的性质特点及环境因素而制定的，是以原料最佳的食用点为基准要求的，主要包括以下几个方面。

1．原料的固有品质

原料的固有品质也称为原料的使用价值，主要包括原料的营养成分、口味、质地等因素。不同的原料有着不同的品质，有些原料有一定的共性，但不同原料其固有品质也不同，即使同一原料，由于种类关系、地域关系、季节关系等因素，其品质也不尽相同，有时差异还较大。但不论什么原料，其固有品质应以最佳食用点为最好。

（1）营养品质　不同的原料营养成分也不相同，原料的营养价值决定了原料的食用价值。原料因不同生长时期以及存放时间的长短不同，营养成分会发生变化，其营养价值也就不同，因此要结合其他因素，取其最佳营养价值期。

（2）口味和质地　口味和质地是原料固有品质的性质体现，人们食用食物，很大程度上追求于食物的口味和质地，良好的口味和口感是满足人们享受美食的基本要求。但原料在不同时期会出现不同的口味和质地，有时还会出现人们反感的口味和质地，因此，要正确识别原料的最佳口味和质地时期。

（3）成熟度　原料的成熟度在具体运用中，主要是在原料具体实践中决定的，产品的质量、原料的质量很大程度上取决于原料的成熟度。

2．原料的新鲜度

原料的新鲜程度同样也决定西点的质量，它是原料品质的最基本要求。原料新鲜度的变化，一般都会通过原料的外观反映出来，通过原料外观的变化，能发现原料新鲜度变化的程度。外观的变化主要通过原料的形态、色泽、水分、重量、质地、气味等因素来判定。

（1）形态　不同原料有不同外部特征。一些原料在新鲜状态下和不新鲜状态下，形态都会有所变化，严重的会变形。一般来讲，新鲜度高的原料会保持原有形状，否则，就会变形、干瘪或膨胀，如蔬果类原料，这需要我们有一定的实践经验。因此，通过原料形态的变化，我们可以判断原料的新鲜变化程度。

（2）色泽　色泽也是原料的另一外观特征，包括色彩和光泽，每一种原料都有其自有的颜色和光泽，但由于自身因素及环境因素影响，原料的颜色和光泽会出现变化。一般来讲，原料的颜色和光泽变为灰、暗、黑、斑点等不应有的色泽时，原料的新鲜度会降低。因此，我们可以通过色泽的变化来判定原料的新鲜程度。

（3）水分和重量　新鲜原料都有一定的体积和重量，其中原料的水分是决定原料质地和体积的主要因素。对于鲜活原料而言，由于在存放过程中，原料中的水分会随着环境温度的变化而蒸发，从而使原料体积减小、重量减轻；对于干货原料而言，由于原料吸收了空气中的水分会受潮，重量和体积会增加。因此，原料水分和重量的变化要视不同情况而定，不论原料的水分和重量增大还是减少，其原料的新鲜度都会受到影响。

（4）质地 原料的质地主要是指原料的质感，即原料的老、嫩、韧、脆、绵、糯等方面。原料质地的变化主要是原料在存放过程中，自身因素变化的结果。一般来讲，原料由嫩变老，由脆变绵，由硬变软，就证明原料的新鲜程度出现了变化。

（5）气味 不同的新鲜原料，一般都有其特有的气味，它与口味不同。一旦原料出现异味，就说明原料新鲜度降低。

3. 原料的卫生

原料的卫生标准主要是指原料在培育生长过程、存放过程或加工处理过程中，是否受到环境等外在因素作用，从而使原料出现变化，如自身毒素、化工污染、农药污染、污秽物质、虫卵、病菌等，严重的不能食用。

三、原料品质检验的方法

有了原料的品质检验标准，那么在实践应用中，我们就要参照这些标准来对原料进行检验。对原料要求不同，其检验的方法也不一样，具体来看，主要有理化检验、生物学检验、感官检验三种方法，前二者主要适用于食品检测等科研机构，检验细致，精确度高，而后者往往是人们利用实践中总结的经验来判断，简便快捷，精确度低。

1. 理化检验

理化检验主要是指利用物理仪器、机械或化学药剂来对原料的各项指标进行检验，以确定原料品质变化的程度。这种检验方法，过程较为复杂，必须有一定的场所和设备，检验人员需要有一定的专业知识和操作技能，检验的精确程度较高，有助于对原料进行科学的检验，具有一定的权威性。

2. 生物学检验

生物学检验主要是指利用动植物或微生物生长的实验手段，来测定原料变化程度的一种方法。如食物原料对小动物生长情况的影响，通过微生物生长培育情况来判断原料的品质好坏，有无毒性，有无污染，与理化检验一样，需要有一定的场所和设备，工作人员要有一定的专业技术和知识，检验精确度较高，但实验时间较长，过程复杂。

3. 感官检验

感官检验是指人们利用人体的耳、眼、鼻、舌、手等感觉器官来对原料品质检验的一种方法，是人们通过感觉来对原料外部特征的一种反映，通过感觉器官来对原料进行感知分析、比较、判断。方法简单、实用、方便，但要有一定的实践经验。具体方法如下。

（1）视觉检验　视觉检验就是通过人们的眼睛——视觉器官来对原料的外形、颜色、光泽等外部特征来进行判断的一种方法。视觉检验一目了然，范围广，凡是能用眼睛判断的，一眼便可判别，如红色的猪肉、新鲜鱼的眼睛等。

（2）嗅觉检验　嗅觉检验是通过人们的鼻子——嗅觉器官来对原料气味的变化进行判断的一种方法。不同原料有不同气味，一旦气味出现了异常，说明品质有变，如新鲜蔬菜的清香味，水果的香气等。

（3）味觉检验　味觉检验是通过人们舌头上面的味蕾——味觉细胞对原料的口味变化进行判断的一种方法，味觉就是原料的口味刺激人们舌头时的反应。原料的口味发生变化，说明原料的品质出现了变化。

（4）听觉检验　听觉检验是通过人们的耳朵——听觉器官对原料结构的变化进行判断的一种方法。有些原料通过外表看不出其变化，但通过对其摇晃或拍打能听出其内部的变化，如鸡蛋、核桃、西瓜等。

（5）触觉检验　触觉检验是通过人们的手——触觉器官来对原料的组织结构的弹性、硬度、粗细、质感等变化进行判断的一种方法。原料这些变化通过手的触摸，形成人大脑对这一原料的反映，从而判断其变化程度，如鱼的弹性、蔬菜的脆性等。

以上五种方法，适应范围广，但并不孤立存在。有些原料用眼睛就能很准确判断，无须再用其他方法，而有些原料，则需要几种方法共用，才能收到良好的效果。

这五种方法，经验性强，人们对原料性质要有一定的认识，简单易行，不需要设备、仪器和场所，但是精确度较低。

第五节　西点原料的贮存

原料的贮存就是控制原料的品质，是餐饮行业中最常用的环节。原料的贮存主要是供随时取用，因此，原料贮存的好坏，直接影响西点成品，是保证西点成品品质的重要环节。随着科学的发展，社会的进步，原料的贮存技术也越来越多，保鲜技术也越来越多。由于原料品种繁多，性质各异，因此贮存的要求也不尽相同。作为一个西点工作者，就要了解和掌握原料贮存的相关知识。那么原料在贮存过程中品质为什么会出现变化？变化的程度如何？如何防止这些变化呢？这是我们本节要学的内容。

一、引起原料品质变化的因素

要想贮存好原料，首先要了解原料为什么在存放过程中品质会发生变化。导致原料品质变化的因素很多，主要有两个方面：一是自身因素的影响，是内因；二是环境因素的影响，是外因。外因是变化的条件，内因是变化的根本。

1．自身因素的变化

一般来讲，大多数原料都会有多种组织酶及营养成分的不安定因素等，这些都是原料自身因素变化的主要原因。在一定的环境条件下，这些因素会发生变化，从而降低原料的品质。如动物性原料的自溶过程、植物性原料的呼吸现象、牛奶的凝固现象、脂肪的氧化分解现象等。另外，原料自身水分的多少，pH大小等因素，也会影响原料变化的速度。

2．环境因素的变化

原料在贮存过程中，由于存放的环境不同，其所受的影响也不一样。因此，外部环境很重要。

（1）物理方面　主要指环境的温度、湿度、日光、空气等因素的影响。

① 温度：环境温度对原料自身因素影响较大，因为合适的温度有助于原料酶的活性，有助于细菌的生长繁殖，从而引起原料的品质变化。但过低的温度，会使某些原料特别是植物性原料的组织结构遭到破坏，并且会使原料口味、口感性质发生变化；而过高的温度，又会使原料中的水分蒸发，促进原料自身生化作用的加速。

② 湿度：合理的湿度能延长原料的贮存时间。湿度过大，会使干货原料吸湿受潮、结块、变色，从而霉变，给细菌等微生物提供生长繁殖条件；湿度过低，会使新鲜原料的水分蒸发，从而影响到原料品质。

③ 日光：日光的照射会加速原料的变化，长时间的日光照射，还会使温度升高，引起原料质量变化，如脂肪的酸败、蔬菜的发芽等。同时，日光照射还会影响到营养成分的变化、色泽的变化及口味、质地的变化。

④ 空气：大部分原料是置于空气中贮存。有些原料在与空气的接触过程中会发生氧化分解；另外，有些原料还会吸收空气中的异味，而受到污染。

（2）化学方面　主要是指原料在贮存过程中一些化学物质对原料的污染。如一些金属容器，会促进酶的作用，一些塑料制品在高温下会产生有毒成分，从而影响到人体的健康。因此，贮存过程中，要注意使用一些化学试剂以及适当的盛装容器等，以防止原料受到污染。

（3）生物学方面

① 微生物的影响：微生物主要指霉菌，某些病菌和酵母菌，这些微生物对原料的影响很大。这些微生物在合适的温度、湿度、pH等条件下，活性很强，生长繁殖迅速，能迅速加快原料的

腐败变质。

② 虫鼠类的影响：鼠、蝇、虫、蚊等因素对原料的侵害性也比较大。原料在贮存过程中极易受到虫类的侵蚀。原料受到虫鼠的侵害，其外观、形态、重量、质量都会发生变化，有些还会传播疾病，如老鼠、苍蝇等。

二、西点原料的贮存方法

西点原料的贮存是指根据西点原料品质变化的规律，而采取的相应的方法来延缓原料的品质变化，使其保持一种最佳的食用状态。

原料的贮存方法很多，但不论是采用传统的方法还是利用现代科学技术手段来保鲜，其基本原理都是一样的，都是通过一定的方法和手段，来控制原料贮存时的温度、湿度、pH、渗透压等各种外部环境和自身所含成分的变化，来控制或杀死微生物，抑制或破坏原料自身酶的活性，从而防止原料的腐烂变质，达到贮存的目的。具体的贮存方法有如下几种。

1. 低温贮存法

低温贮存法，是指原料在低温下（一般在15℃以下）贮存的一种方法。此法应用普遍，方便安全，多数新鲜动物、植物原料的贮存均采用此法。

环境的温度，对原料的影响很大，一般来说，在一定的温度范围内，温度越高，原料变化的越快，温度越低，原料劣变的过程越慢。这是由于原料在低温下，能抑制微生物的生长繁殖，抑制原料中酶的活性，减弱了鲜活原料的新陈代谢强度，防止微生物的污染，从而延长了原料的贮存时间，保持了原料的新鲜程度。同时，低温状态下，还延缓了原料中所含的各种化学成分的变化，保证了原料的色香味等品质；也降低了原料中水分的蒸发，减少了原料的水分损耗。

一般来说，对不同的原料，采取的低温贮存的温度也不同，根据温度不同，可分为冷藏贮存和冷冻贮存。

冷藏贮存也称为冷却贮存，是将原料贮存于0～4℃的环境中，一般适宜于蔬菜、水果、蛋、乳品的存放，鲜活的动物性原料短时间存放也可以。由于这种温度，水分不会结冰，因而原料不会出现冻结现象，能较好地保持原料固有的风味品质。但是在这一温度下，嗜冷微生物仍能生长繁殖，且原料中酶的活性并没有丧失，贮存期不太长，一般为数天或数周不等。

冷冻贮存，也称为冻结贮存，是将原料置于0℃以下的环境中，使原料中水分部分或全部冻成冰后而贮存的一种方法。此种方法一般适宜于新鲜的动物性原料。在冷冻的过程中，由于原料中的水分大部分结成冰，降低了水分的温度，有效地抑制了原料中酶的活性和微生物生长，甚至造成部分微生物死亡，因此，贮存期较长。

冷冻贮存有两种方法：一种是快速冷冻；一种是慢速冷冻。

快速冷冻是将原料置于较低的温度下（一般在–20℃以下），快速冻结的一种方法，这种方法，因冷冻速度快，原料细胞内和细胞间能同时形成许多小的冰块，而周围细胞膜损伤较少，解冻后，溶化的水分仍保留在细胞组织内外，易使细胞恢复原状，因此营养成分损失较少，能比较好地保留原料的风味品质。

慢速冷冻就是把温度逐渐降低至0℃以下，这种方法容易使原料发生脱水现象，解冻后，会失去原料的风味品质。

不论是快速冷冻还是慢速冷冻，原料在贮存过程中都会失去一定水分，也会使原料的风味、色泽、营养成分及外观发生变化，因此，低温贮存也有一定的贮存期。在冷冻、冷藏原料时，可用保鲜膜或塑料袋将原料包裹起来，或置于水中冷冻，可以延长原料的贮存期。

冷冻的原料在使用时，首先要进行解冻，不适当的解冻方法会影响原料的质量。一般以自然解冻为好，但时间较长。常用的方法有水解冻法、微波解冻法等。

2．高温贮存法

高温贮存法就是对原料进行加热处理后而贮存的一种方法。此种方法适合于部分动、植物性原料的贮存，但原料加热后其风味品质发生了变化。原料经过加热处理后，其绝大多数微生物被杀死，细胞中的酶也会因加热而失去活性，原料自身的新陈代谢终止，从而起到贮存的目的。

高温贮存法，根据加热温度的高低，主要有高温灭菌法和巴氏消毒法。

（1）高温灭菌法　　高温灭菌法是指对原料利用高温加热（一般在100～121℃）杀死原料中微生物，破坏酶的活性，从而起到贮存效果的一种方法。一般情况下，多数腐败菌和病原菌在70～80℃条件下经过20～30分钟的加热可杀死，但已经形成孢子的细菌，因耐热性增强，须在100℃条件下经30分钟或更长时间才能杀死。

（2）巴氏消毒法　　巴氏消毒法是法国生物学家巴斯德发明的，是指在62～65℃温度下加热30分钟而杀死微生物的方法。这种方法温度较低，只能杀死破坏微生物的营养细胞，但不能杀死它们的芽孢，由于温度低，因此，能最大限度地减少加热时对原料品质的影响。主要适用于鲜奶、果汁等的贮存。随着社会的进步，科学的发展，巴氏消毒法又出现了低温长时间杀菌法、高温短时间杀菌法和超高温瞬间杀菌法。

3．干燥贮存法

干燥贮存法又称脱水贮存法，是将原料经过晒、晾、烘等方法将原料中的大部分水分去掉，从而保持原料品质的一种方法。此法适用于大部分动、植物性原料。在过去保鲜技术不高的情况下，很多的名贵原料均采用这种方法，即我们所说的干货原料。此种方法，是由于原料中的水分减少，原料细胞中的糖、酸、蛋白质等内含物的浓度升高，渗透压增大，使微生物的生长和繁殖受阻。由于水分减少，微生物也失去生长繁殖的条件，处于休眠状态；同时由于水分减少，原料中酶的活性减弱，新陈代谢下降，从而达到贮存的目的。脱水后的原料体积缩小，重量减轻，便于运输和贮存，但要注意不要贮存在潮湿的地方。

干燥贮存法由于干燥的方法不同，可分为自然干燥和人工干燥两大类。

自然干燥是利用自然界中的能量去除原料中的水分，如日晒、风干等。成本低但干燥时间长，易受污染。

人工干燥是借助于一些设备，利用热风、蒸汽、减压、冻结等方法除去原料中的水分，如奶粉、蛋粉等。此种方法时间短，不受天气影响，无污染，但加工成本较高。

4. 密封贮存法

密封贮存法也称隔绝空气法，是指将原料严密封闭于一定的容器中，使其和空气、日光隔绝而贮存原料的一种方法。此法主要是使原料隔绝空气，防止原料被污染和氧化，同时对嗜氧微生物有一定的抑制作用。此法适用于大部分动、植物性原料，如各种罐头、塑料包装等。

此法贮存的原料，有的需要加工前高温杀菌，有的经过一定时间的密封，会改变风味。

5. 气调贮存法

气调贮存法是通过改善原料贮存环境中的气体成分而达到贮存目的的一种方法，是目前较为先进的一种贮存方法。此法主要是降低空气中氧的含量，增加二氧化碳或氮气的浓度，从而减弱鲜活原料的呼吸程度，使其呼吸作用达到最低水平，抑制了微生物的生长繁殖和原料中化学成分的变化，有时配以低温，从而达到贮存的目的。

气调贮存法实际应用较多，主要适用于蔬菜、水果。其方法主要有机械气调库、塑料帐篷、塑料薄膜袋、硅橡胶气调袋等。

6. 放射贮存法

放射贮存法也称辐射贮存法，是利用一定剂量的放射线照射原料而达到贮存目的的一种方法。是一种较为先进的贮存方法，此法主要是利用放射线能杀死原料中微生物和昆虫，抑制蔬菜、水果的发芽和成熟的原理，且经放射线照射后，原料本身的营养成分和价值不会有太大影响。

放射贮存法常用的射线有紫外线、α - 射线，γ - 射线等。此法与其他方法相比有许多优点：第一，原料经辐射后，射线可以穿透包装和冰层，能杀死原料表面和内部的微生物；第二，原料经辐射后，温度不会提高；第三，原料经辐射后，风味不会改变，也不会产生有害成分。

7. 保鲜剂贮存法

保鲜剂贮存法是指在原料中加入具有保鲜作用的化学试剂来延长原料贮存时间的一种方法。此法主要是利用保鲜剂的作用控制微生物的生理活动，抑制或杀死原料中的腐败微生物；防止和减缓空气中氧与原料中的物质所发生的氧化还原反应，从而达到贮存的目的。

贮存中常用的保鲜剂有防腐剂、抗氧化剂、脱氧剂等。

（1）防腐剂 食品贮存过程中，常常会加入一些化学物质，这些化学物质能控制微生物的生长发育，抑制或杀死微生物，达到贮存效果。防腐剂中常用的化学物质有苯甲酸、苯甲酸钠、山梨酸钾、二氧化硫、焦亚硫酸钠、焦亚硫酸钾、丙酸钠、丙酸钙等。

（2）抗氧化剂 食品贮存过程中，还常常加入一些防止食品氧化的化学物质，这些物质能与氧作用，从而防止和减弱空气中氧与原料中的一些物质所发生的氧化还原反应。这些物质就是抗氧化剂。常用的抗氧化剂有：丁基羟基茴香醚、二丁基羟基甲苯、没食子酸甲酯、抗坏血酸等。

（3）脱氧剂 脱氧剂又称游离氧吸收剂，它具有吸除氧的功能。在原料中加入脱氧剂，能吸除原料周围的游离氧和原料中的氧，形成稳定的化合物，防止原料氧化变质，从而达到贮存目的。常用的脱氧剂有：二亚硫酸钠、碱性糖制剂、特别铁粉等。

需要注意的是，原料贮存中，不论使用哪一种试剂，都要有一定的剂量，有的试剂国家有一定的标准使用量，实际工作中，应严格执行。

综上所述，原料贮存的方法很多，但在不同时间、不同地方要根据不同原料的性质，选择合理的贮存方法，最大限度保持原料的新鲜程度，使原料处于最佳食用状态。

附 西点主要品种

蛋 糕：是一种古老的西点，一般是由烤箱制作的，蛋糕是用鸡蛋、白糖、小麦粉为主要原料，以牛奶、果汁、奶粉、香粉、色拉油、水、起酥油、泡打粉为辅料，经过搅拌、调制、烘烤后制成一种像海绵的点心。蛋糕最早起源于西方，后来才慢慢传入我国。

面 包：就是以黑麦、小麦等粮食作物为基本原料，先磨成粉，再加入水、盐、酵母等和面并制成面团坯料，然后再以烘、烤、蒸、煎等方式加热制成的食品。面包又被称为人造果实，品种繁多，各具风味。面包是高热量碳水化合物食品，温度高时较为松软好吃，低温的状态下会变硬，风味口感都会差很多。世界上广泛使用的制作面包的原料除了黑麦粉、小麦粉以外，还有荞麦粉、糙米粉、玉米粉等。有些面包经酵母发酵，在烘烤过程中变得更加蓬松柔软；还有许多面包恰恰相反，不用发酵。尽管原料和制作工艺不尽相同，它们都被称为面包。

吐 司：是英文TOAST的音译，粤语（广东话）叫多士，实际上就是用长方形带盖或不带盖的烤听制作的听型面包。用带盖烤听烤出的面包经切片后呈正方形，夹入火腿或蔬菜后即为三明治。用不带盖烤听烤出的面包为长方圆顶形，类似长方形大面包。吐司面包是西式面包的一种，在欧美式早餐中常见，在香港的茶餐厅也有，原料是方包，放在烤面包机（香港称作"多士炉"）烤至成熟，取出，在方包的一边抹上奶油、牛油、果酱等配料，用两块方包夹起来便成，是热食。

舒芙蕾：是英文SOUFFLE的音译，又译成沙勿来、苏夫利、梳乎厘等。有冷食和热食两种，热的以蛋白为主要原料，冷的以蛋黄和奶油为主要原料，是一种充气量大，口感松软的点心。

巴　非：是英文PARFAIR的音译，它是一种以鸡蛋和奶油为主要原料的冷冻甜食。

果　冻：是用糖、水和啫喱粉，按一定的比例调制而成的冷冻甜食。

布　丁：是英文PUDDING的音译，是一种英国的传统食品。中文意译则为"奶冻"。是以黄油、鸡蛋、白糖、牛奶等为主要原料，配以各种辅料，通过蒸或烤制而成的一类柔软的点心。广义来说，它泛指由浆状的材料凝固成固体状的食品，如圣诞布丁、面包布丁、约克郡布丁等，常见制法包括焗、蒸、烤等。狭义来说，布丁是一种半凝固状的冷冻的甜品，主要材料为鸡蛋和奶黄，类似果冻。在英国，"布丁"一词可以代指任何甜点。

慕　斯：是英文MOUSSE的音译，又译成木斯、莫斯、毛士等。与布丁一样属于一种奶冻式的甜点，其性质较布丁更柔软，入口即化。慕斯是将鸡蛋、奶油分别打发充气后，与其他调味品调和而成或将打发的奶油拌入馅料和明胶水制成的松软形甜食。通常是加入奶油与凝固剂来达到浓稠冻状的效果，是用明胶凝结乳酪及鲜奶油而成，不必烘烤即可食用，为现今高级蛋糕的代表。夏季要低温冷藏，冬季无须冷藏可保存3～5天。制作慕斯最重要的是胶冻原料，如琼脂、鱼胶粉、果冻粉等，也有专门的慕斯粉。另外制作时最大的特点是配方中的蛋白、蛋黄、鲜奶油都须单独与糖打发，再混入一起拌匀，所以质地较为松软，有点像打发了的鲜奶油。慕斯使用的胶冻原料是动物胶，所以需要置于低温处存放。

泡　芙：是英文PUFF的音译，又译成卜乎，也称空心饼、气鼓等。泡芙是以水或牛奶加黄油煮沸后烫制面粉，再搅入鸡蛋，通过挤糊、烘烤、填馅料等工艺制成的一类点心。它是一种源自意大利的甜食，蓬松中空的奶油面皮中包裹着奶油、巧克力乃至冰淇淋，制作时使用水、汉密哈顿奶油、面和蛋做包裹的面包，还可以撒上糖、糖冻、果实或者巧克力。泡芙吃起来外热内冷，外酥内滑，口感极佳。

汉堡包：是英语Hamburger的音译，是现代西式快餐中的主要食物。最早的汉堡包主要由两片小圆面包夹一块牛肉肉饼组成，现代汉堡中除夹传统的牛肉饼外，还在圆面包的第二层中涂以黄油、芥末、番茄酱、沙拉酱等，再夹入番茄片、洋葱、蔬菜、酸黄瓜等食物，就可以同时吃到主副食。这种食物食用方便、风味可口、营养全面，现在已经成为畅销世界的方便主食之一。汉堡热量高，含有大量脂肪，不适合减肥人群或高血压、高血脂人群过量食用。

挞：　　是英文TART的音译，又译成塔。挞是以油酥面团为坯料，借助模具，通过制坯、烘烤、装饰等工艺制成的内盛水果或馅料的一类较小型的点心，其形状可因模具的变化而变化。蛋挞，是一种以蛋浆为馅料的西式馅饼。台湾地区称为蛋塔，"挞"是英文"tart"的音译，意指馅料外露的馅饼（相对表面被饼皮覆盖，馅料密封的批派馅饼）。蛋挞即以蛋浆为馅料的"tart"。做法是把饼皮放进小圆盆状的饼模中，倒入由砂糖及鸡蛋混合而成的蛋浆，然后放入烤炉，烤出的蛋挞外层为松脆的挞皮，内层则为香甜的黄色凝固蛋浆。

曲　奇：是英文COOKITS的音译。曲奇是以黄油、面粉加糖等主料经搅拌、挤制、烘烤而成的一种酥松的饼干。曲奇饼在美国与加拿大是指细小而扁平的蛋糕式的饼干，而英语的cookie是由荷兰语koekje来的，意为"小蛋糕"。这个词在英式英语主要用作分辨美式饼干，如"朱古力饼干"。

派：是英文PIE的音译，又译成排、批等。派是一种油酥面饼，内含水果或馅料，常用圆形模具做坯模。按口味分有甜咸两种，按外形分有单层皮派和双层皮派。

比　萨：又译比萨饼、披萨、披萨饼、匹萨、匹萨饼，发源于意大利，是一种由特殊的酱汁和馅料做成的具有意大利风味的食品，在全球颇受欢迎。比萨饼的通常做法是在发酵的圆面饼上面覆盖番茄酱、乳酪以及其他配料，并由烤炉烤制而成。乳酪通常用莫萨里拉乳酪，也有混用几种乳酪的形式，包括帕马森乳酪、罗马乳酪、意大利乡村软酪或蒙特瑞·杰克乳酪等。比萨是全球热销的小吃，受到各国消费者的喜爱。按大小分为：9英寸比萨、12英寸比萨、14英寸比萨；按饼底可分为：铁盘比萨、手抛比萨；按饼底的成形工艺可分为：机械加工成形饼底、全手工加工成形饼底；按烘烤器械可分为：电烤比萨、燃气烤比萨、木材炉烤比萨；按总体工艺可分为：意式比萨、美式比萨。

本章小结

　　通过本章学习，掌握西点原料的概念和性质特点。重点掌握西点原料的分类、品质鉴定以及鉴定的标准和方法。了解西点原料品质变化的因素，以及如何控制这些因素来达到保管原料的目的。

　　同学们可以通过老师列举的实例来分析具体原料的性质特点、如何鉴别以及保管过程中应注意的事项。

☺ 思考练习题

① 什么是西点原料？

② 西点原料研究内容有哪些？研究西点原料有什么意义？

③ 西点原料是如何分类的？

④ 为什么要对西点原料进行鉴定？其鉴定的标准有哪些？

⑤ 西点原料鉴定的方法有哪些？

⑥ 西点原料在贮存过程中为什么会发生变化？贮存原料的方法有哪些？

⑦ 鸡蛋是西点制作中常用的原料，通过本章的学习，你知道如何鉴别鸡蛋的新鲜度吗？在日常生活中，可以采用那些方法来保管鸡蛋？

第二章
谷物类原料

章节
导读

　　谷物类是西点制作中使用得最多的一大类原料，作为人类的食物原料，几千年来一直是人类餐桌上不可缺少的，在膳食中占有重要的地位，膳食中约80%的热量和60%的蛋白质是由谷物提供的。谷物的种类较多，世界各地所产谷物在品种、品质、用途上也各不相同。对于常见谷物类原料种类，特别是在西点中应用比较多的品种，要掌握其品质特点和西点应用。

　　本章主要讲解谷物类原料的基本知识，通过教师的讲授、实物（图片）展示，要求学生能够掌握粮食类原料的营养成分，从而掌握粮食类原料在面点中的运用以及常见粮食类原料的初步加工方法。

学习
目标

1. 了解谷物类原料及制品的种类特点。

2. 掌握各种谷物类原料的品质特点及运用。

3. 掌握谷物类原料及制品的品质鉴别方法。

第一节　麦类

一、小麦

小麦

小麦是世界上种植数量最多的粮食作物。据联合国粮农组织统计资料，世界小麦种植无论播种面积或者产量，小麦都居于谷类作物中首位。我国食用的小麦品种主要有普通小麦、圆锥小麦、硬粒小麦、密穗小麦、东方小麦和波兰小麦等。其中以普通小麦最多。

（一）小麦的分类

小麦因产地、颜色、性质及播种季节等各种因素之不同而分类如下。

（1）按不同产地分类　有美国小麦、加拿大小麦、澳洲小麦、阿根廷小麦等。

（2）按不同表皮颜色分类　有红、棕、白三种小麦，如加拿大曼尼托巴小麦为浅棕色，美国硬质小麦为深棕色也即红色，澳洲小麦则为白色。

（3）按不同播种季节分类　有春麦和冬麦。春麦是春天播种秋天收割的小麦；冬麦是秋冬播种第二年春夏收割的小麦。

（4）按不同硬度分类　小麦的硬度相差很大，以硬度为标准则可分成特硬麦、硬麦、半硬麦及软麦四种。硬度通常与强度成正比，故硬度高的小麦比硬度低的小麦更为通用。硬麦的横断面为玻璃质，软麦的横断面为不透明白色，即粉质。小麦的硬度不完全由其所含水分来决定，非常干的小麦其胚乳可能软而呈粉质，硬麦虽然水分增加，但依然为坚硬的玻璃质。

① 特硬小麦面粉不适于制造面包，而主要用以磨制沙子粉来制造通心面等，因它含有大量的麦芽糖，如少量加入其他小麦中磨成面粉，则可增加面粉的气体产生力。美国小麦、阿尔及利亚小麦或印度小麦等均属特硬小麦。

② 硬麦通常为强力小麦，故其面粉大量用于制造面包。这种面粉粒度较粗，富流动性，如不须用强度很大的面粉，可配入强度较弱的小麦面粉调节。加拿大的曼尼托巴及美国的春红麦均属硬麦。

③ 半硬麦具有中等强度，其粉即使配以强力小麦或薄力小麦的面粉，也不会使强度相差很大。半硬小麦通常具有美好的香味、颜色及较高产粉率，其粉可用以制造面条、馒头等。阿根廷小麦、澳洲小麦及美国的硬冬麦等均属半硬小麦。

④ 软麦通常为强度较弱的小麦，即薄力小麦，适用于磨制饼干面粉，也可配以中强力小麦粉，以降低强度。这种小麦香味极佳，制出面粉颜色洁白可爱。美国白麦及英国小麦均属软麦。

红麦多属硬麦，为高蛋白质小麦。白麦多属软麦，为低蛋白质小麦。春麦的蛋白质含量高于冬麦，在一粒小麦中，越靠麦皮部位的蛋白质越高，但颜色较黄。反之，越靠麦中心部位蛋白质越低，颜色越白。所以洁白面粉通常为低筋粉或为麦心粉。

（二）世界优质小麦

（1）加拿大小麦　含面筋蛋白成分最高的春麦（11%～15%）。生长在曼尼托巴、亚伯达、萨克贝连的草原区。麦粒为红色，胚乳透明，所磨成的面粉有良好的延展性及弹性，是制作面包的最佳材料。而生长在加拿大东部的冬麦，磨成的面粉蛋白质只有8%～10%，只适于制作蛋糕和饼干；另一种硬质小麦，色泽鲜亮，颗粒硬，磨成粉适合制粉、面类产品。

（2）美国小麦　品种多，等级划分严格，适合不同用途：

① 硬红冬麦：属高产量品种，蛋白质含量9.6%～14.8%，适合制作松软面包。

② 软红冬麦：蛋白质含量8.8%～11.1%，适合制作蛋糕、派、饼干等制品。

③ 白麦：品质近似加拿大冬麦，适合与其他粉混合，制作蛋糕、饼干等。

（3）阿根廷小麦　蛋白质含量平均为10%～11%，多用作混合高强度面粉用。

（4）澳洲小麦　蛋白质含量平均为8%～11%，属中等强度至软质的产品，但磨成面粉则以颜色洁白著称，多与加拿大曼尼托巴小麦混合用。

（三）小麦面粉

小麦面粉是由小麦经磨制加工后而得到的产品，也称小麦粉，是西点制作的主要原料。

1．小麦面粉的化学成分

小麦面粉的化学成分主要有蛋白质、碳水化合物、脂肪、矿物质、维生素、水、酶类，随着麦粒的不同而有很大的变化。

（1）蛋白质　面粉中蛋白质含量在7%～18%，主要有麦谷蛋白、醇溶蛋白、球蛋白及白蛋白等。一方面蛋白质与脂肪起作用形成稳定的气室以保留气体；另一方面又可形成面筋。面粉中提供面团弹性的麦谷蛋白与增强面团力度的醇溶蛋白与水起作用，经过物理搅拌，形成黏结而具弹性的网络组织（面筋），成为面团的支架，用以保留经发酵作用产生的气体。

（2）碳水化合物　面粉中含碳水化合物69%～76%，主要为淀粉（67%），其余还有糊精及纤维素。碳水化合物分解成葡萄糖，提供食物给酵母以进行发酵作用；此外，也可填充在蛋白质中间，以调校面筋浓度；更可作为蛋白质附着点，有助于面筋的形成，还会起胶化作用，助气室壁伸展。碳水化合物在烤焗期间，渐取去面筋中水分而起胶化作用，形成面包支架，出炉后气体渗出，便形成多孔疏松的面包。

（3）脂肪　面粉含脂肪不多，为2%～4%，分为极性及非极性两大类。它与淀粉结合可保持产品的新鲜，而极性脂类与蛋白质结合便形成稳定的气室，包围气体，增加西点弹性。若面粉贮存在高温潮湿的地方，脂肪会水解而败坏面粉，所制成的面团缺乏弹性，容易断裂，保留气体能力弱，就会影响面包的体积和风味。

（4）矿物质　矿物质主要含有钙、钠、磷、铁等，以盐的形式存在，以灰分来测定。含量为0.44%～0.48%，其含量多寡对面包无直接影响。

（5）维生素　面粉中维生素B_1、维生素B_2、维生素B_{15}较多，还有少量的维生素E、维生素A、维生素C，但不含维D。维生素对面包制造影响不大，不过有些国家会规定在面粉中加入一些维生素，以补国民之所需。

（6）水　国家将面粉含水标准统一规定为≤14.5%。

（7）酶类　面粉中的酶类主要有淀粉酶、蛋白酶、脂肪酶等，淀粉酶主要分解淀粉，将其转化为糊精和麦芽糖，增加面团的流动性；蛋白酶能将蛋白质分解为多肽，降低面筋强度，使面筋易于完全扩展；脂肪酶对面包、饼干等制作影响不大，但在储存过程中，易引起酸败，缩短储存时间。

2．小麦面粉的分类

小麦面粉由于分类标准不同，其分类的方法也不同。

面粉按加工精度和用途可分为等级粉和专用粉两大类。

（1）等级粉　按加工精度不同，可分为特制粉、标准粉、普通粉三大类。

（2）专用粉　是利用特殊品种小麦磨制而成的面粉，或根据使用目的需要，在等级粉的基础上加入食用增白剂、食用膨松剂、食用香精或其他成分，混合均匀而制成的面粉。专用粉的种类多样、配方精确、品质稳定，是制作高品质制品的主要原料。

面粉按蛋白质含量可分为高筋面粉、中筋面粉和低筋面粉。

（1）高筋面粉　高筋面粉又称强筋面粉或面包粉，其蛋白质和面筋含量高。蛋白质含量为12%～15%，湿面筋值在35%以上，是一种含有很高筋度的面粉。高筋面粉富含较高的黏性、弹力，面筋的力道较大。用这样的面粉制作面包，可以很好地包住面团发酵过程中产生的二氧化碳。最好的高筋面粉是加拿大生产的春小麦面粉。高筋面粉是制作面包的主要原料之一，在西饼中多用于在松饼（千层酥）和奶油空心饼（泡芙）中。

（2）中筋面粉　中筋面粉蛋白质含量介于高筋面粉与低筋面粉之间，为9%～12%，湿面筋值为25%～35%。美国、澳大利亚产的冬小麦和我国的标准粉等普通面粉都属于这类面粉。中筋小麦粉多数用于中式面点的馒头、包子、水饺以及部分西饼中，如蛋挞皮、派皮、水果蛋糕等。

（3）低筋面粉　低筋面粉又称弱筋面粉或糕点粉，其蛋白质和面筋含量低。蛋白质含量为7%～9%，湿面筋值在25%以下。为制作蛋糕、饼干和混酥类西饼的主要原料之一。英国、法国和德国的弱力小麦粉均属于这类。低筋面粉适于制作蛋糕、甜酥、饼干等。

面粉按精度可分为四大类。

（1）特制一等面粉　面筋质含量在26%以上，灰分小于0.7%，颜色洁白，质量最好。

（2）特制二等面粉　面筋质含量在25%以上，灰分小于0.85%，质量仅次于特制一等面粉。

（3）标准面粉　面筋质含量在24%以上，灰分小于1.1%，色稍带黄，含麸量较高。

（4）普通面粉　面筋质含量在22%以上，灰分小于1.4%，色泽较黄，含麸量比标准面粉高。

小麦面粉按性能和用途可分为三大类。

（1）专用面粉　也叫特制面粉，是由软质小麦粉经氯气漂白处理过的一种小麦粉，氯气处理使部分面筋蛋白质变性，降低面筋蛋白质交连成网络的能力，大大减少搅拌中的面筋化作用。这种面粉的颗粒非常细小，因而吸水量很大，特别适合制作含液体量和糖量较高的蛋糕，效果很好。经过氯气处理提高了小麦粉的白度和酸度。pH的降低有利于蛋糕浆料油水乳化的稳定，使蛋糕质地非常疏松、细腻。

现在我国也能生产部分专用小麦粉，如馒头粉、饺子粉、糕点粉等，但与国外相比，在品种、产量、应用性能的稳定等方面还有较大的差距，远不能适应烘烤行业的发展需求。

（2）通用面粉　是指大众化面粉，适用性广，如标准粉、富强粉等。

① 全麦面粉：小麦粉中包含其外层的麸皮，使其内胚乳和麸皮的比例与原料小麦成分相同，用来制作全麦面包和小西饼等。

② 裸麦面粉：是由裸麦磨制而成，因其蛋白质成分与小麦不同，不含有面筋，多数与高筋面粉混合使用。

（3）营养强化面粉　营养强化面粉是将天然或人工合成的营养添加剂，在面粉加工过程中添加进去，使之成为营养更全面的一种面粉，以弥补营养素不足。从外表看，普通面粉和强化面粉无论是颜色、味道，还是手感都很难区别，加工成各种食品后，在外观和口感上也无差异，后者只是更具营养，更有利于人们的身体健康。

3．小麦面粉的使用

西点用的小麦面粉主要是白面粉，它来自麦粒的胚乳部分。市场上还出现了全麦面粉、黑面粉以及相应的西点制品，如全麦面包、黑面包、全麦蛋糕等。全麦面粉仅除去了麦皮最粗糙的部分，几乎保留了麦粒的90%。黑面粉基本上不含麦皮，保留了麦粒的80%～85%。

这两种面粉及其制品均为色泽黑色的保健食品。除小麦面粉外，国外某些西点品种中还使用了大麦粉、燕麦粉、黑麦粉、米粉和玉米粉。玉米粉常用于馅料增稠或掺和于面粉中，来降低面粉的筋度。

根据需要，不同品种的面粉可单独使用，也可以掺入其他原料后使用。西点中的水调面团、混酥面团、面包面团等都是以面粉为主要原料，掺入其他原料而制成的。由于淀粉和蛋白质成分的存在，面粉在制成品中起着"骨架"作用，能使面坯在成熟过程中形成稳定的组织结构。

所有的粉类使用前都应先以筛子过筛，将面粉置于筛网上，一手持筛网，一手在边上轻轻拍打使面粉由空中飘落入钢盆中，这不仅能避免面粉结块，同时这道程序能使面粉与空气混合，增加蛋糕烘烤后的蓬松感，同时在与奶油拌和时也不会有小颗粒的产生，可以让蛋烤烘后不会有粗糙的口感。

（1）小麦面粉的糖化力　面粉的糖化力是指面粉中淀粉转化为糖的能力。糖化力对于面团的发酵和产气影响很大。由于酵母发酵时所需糖的来源主要是面粉糖化，而且发酵完毕剩余的糖，与面包的色、香、味关系很大，对无糖的主食面包的品质影响较大。

面粉的糖化是在一系列淀粉酶和糖化酶的作用下进行的，糖化力的大小取决于面粉中这些酶的活性程度。

（2）小麦面粉的产气能力　面粉在面团发酵过程中产生二氧化碳气体的能力称为面粉的产气能力。面粉的产气能力取决于面粉糖化力。一般来说，面粉的糖化力越强，生成的糖越多，产气能力也越强，所制作的面包品质就越好。

（3）小麦面粉的熟化　面粉的熟化也称为面粉的成熟、后熟、陈化，刚磨制的面粉，特别是新小麦磨制的面粉，其面团黏性大，筋力弱，不易操作，生产出来的面包体积小，弹性差，疏松性差，组织粗糙，不均匀，皮色暗、无光泽，扁平且易塌陷收缩。

但这种面粉经过一段时间贮存后，其烘焙性得到大大改善，生产出的面包色泽洁白有光泽，体积大，弹性好，内部组织结构均匀细腻。特别是操作时不黏，醒发、烘焙及面包出炉后，面团不跑气塌陷，面包不收缩变形。这种现象被称为面粉的"熟化""陈化""成熟"或"后熟"。

面粉熟化时间以3～4周为宜，温度一般在25℃左右为宜。除自然熟化外，还可用化学方法处理新磨制的面粉，使之熟化。

4. 面粉的品质检验与贮存

（1）面粉的品质检验　面粉的品质检验，主要是通过感官检验来对面粉的颜色、气味、水分、杂质、面筋质及新鲜度等方面来检验。

① 颜色：面粉的颜色主要取决于小麦的品种、面粉的含麸量及加工的精度。颜色越白，加工的精度越高。但随着加工精度的提高，营养成分特别是维生素含量越低。面粉由于贮存的时间过长或者环境潮湿，面粉的颜色也会加深。

② 气味：新鲜的面粉有正常的清香气味，如因保管贮存不善，会使面粉带有霉味，甚至腐败味。

③ 水分：面粉的含水量是评判面粉品质好坏的一个重要方面，我国规定面粉的含水量为12%～13%。面粉由于失去表皮的保护，不仅易受病虫和微生物的污染，而且极易吸收空气中的水分。正常的面粉用手捏有滑爽的感觉，如含水量过高，则易发热、结块、发霉和生虫，不易贮存。

④ 杂质：面粉中的杂质主要是由于加工清理不善，小麦在保管及运输过程中使沙土等杂质混入等方面的原因，造成面粉加工时夹有杂物，食用时有牙碜的感觉。

⑤ 面筋质：面粉中的面筋质是决定面粉品质的重要指标。其主要成分由麦胶蛋白质和麦

谷蛋白质构成。它可使面粉制品的体积增大，并保持固定形态。因此，面粉中的面筋质含量越高，相对而言，面粉的品质越好。

⑥ 新鲜度：面粉的新鲜程度是鉴定面粉品质的最基本的标准。新鲜的面粉有正常的色泽和口味，凡带有异味、霉味、颜色发深、发霉、结块均表明面粉已经变质。

（2）面粉的贮存　一般来说，面粉在贮存中应注意保管的温度调节、湿度控制及避免环境污染等几个问题。

① 面粉贮存的环境温度以18～24℃最为理想，温度过高，面粉容易霉变。因此，面粉要放在温度适宜的通风处。

② 面粉具有吸湿性，如果贮存在湿度较大的环境中，就会吸收周围的水分，膨胀结块，发霉发热，严重影响品质。因此，要注意控制面粉贮存环境的湿度。一般情况，面粉在相对湿度为55%～65%的环境中贮存较为理想。

③ 面粉有吸收各种气味的特点，因此，贮存面粉时要避免同有强烈气味的原料存放在一起，以防感染异味。

面粉在磨粉厂、批发商、零售商或用户处都需贮存，若不注意贮存环境，不但会生虫，更会影响面粉的品质。所以要用三氯硝酸甲烷、溴化甲烷进行喷熏或利用杀虫机进行离心力的冲击而杀卵，然后再把面粉贮存在干净、有良好通风设备的地方。温度控制在18～24℃（温度太低会影响面粉内部变化），相对湿度控制在55%～65%（湿度过高，面粉内部的pH和水溶性氮含量会发生变化）。

二、大麦

大麦是我国古老的粮食作物之一。植株似小麦，籽扁平，中间宽，两头尖，呈纺锤形，成熟时籽粒与内外稃紧密黏合，具坚果香味。大麦是我国主要种植物之一，北美地区、欧洲以及俄罗斯等也广泛种植。世界谷类作物中，大麦的种植总面积和总产量仅次于小麦、水稻、玉米，居于第四位。与小麦的营养成分近似，但纤维素含量略高。碳水化合物含量较高，蛋白质、钙、磷含量中等，含少量B族维生素。因为大麦含谷蛋白（一种有弹性的蛋白质）量少，所以不能做多孔面包，可做不发酵食物。可磨成大麦粉或大麦碎使用。

大麦

大麦可做主食，在西点制作中，大麦粉可制作全麦面包、麦片糕等。其最大用途是可制造啤酒和麦芽糖。

三、荞麦

　　荞麦在我国又称为甜荞、乌麦、三角麦等。最早起源于中国，栽培历史非常悠久，种植经验也很丰富。栽培荞麦的国家还有俄罗斯、加拿大、法国、波兰、澳大利亚等。其主要特征是：籽实呈三棱卵圆形，生长期短，春秋均可播种，适应强。荞麦是短日性作物，喜凉爽湿润，不耐高温旱风，畏霜冻。因为颗粒较细小，所以和其他谷类相比，具有容易煮熟、容易消化、容易加工的特点。

荞麦

　　荞麦的谷蛋白含量很低，主要的蛋白质是球蛋白。荞麦所含的必需氨基酸中的赖氨酸含量高而蛋氨酸的含量低，氨基酸模式可以与主要的谷物（如小麦、玉米、大米的赖氨酸含量较低）互补。荞麦含有丰富的膳食纤维，铁、锰、锌等微量元素也比一般谷物丰富。常被加工成荞麦粉使用。

　　在西点制作中主要用于一些薄饼、面包等的制作。

四、燕麦

　　燕麦，也称皮燕麦，原产欧洲和地中海一带，现我国西北、内蒙古、东北一带种植较多。其果腹面有纵沟，布稀疏茸毛，成熟时内外稃紧抱籽粒不易分离。

　　燕麦粉营养丰富，蛋白质含量高，必需氨基酸比例合理，B族维生素含量居各类谷物之首，尤其富含维生素B_1，能够弥补精米精面在加工中流失的大量B族维生素。在美国《时代》杂志评出的十大健康食品中，燕麦名列第五。此外，燕麦是谷物中唯一含有皂苷的作物，可调节人体肠胃功能，降低胆固醇。

燕麦

　　燕麦可加工燕麦片、燕麦碎及燕麦粉，主要用于一些粗面包、甜燕麦饼、饼干等加工，也可加工成燕麦片等食品。

五、黑麦

　　黑麦，果长圆形，淡褐色。我国主要栽培于北方山区或在较寒冷地区。现广泛种植于欧洲、亚洲和北美，俄罗斯和乌克兰约占世界产量的1/3，其他主产国是波兰、德国、阿根廷、土耳其和美国。黑麦适应于其他谷类不适宜的气候和土壤条件，在高海拔地区生长良好。在所有小粒谷物中，其抗寒力最强，

黑麦

生长范围可至北极圈。黑麦碳水化合物含量高，含少量蛋白质、钾和B族维生素。

在西点制作中，主要用于做面包，除小麦外，黑麦是唯一适合做面包的谷类，但缺乏弹性，常同小麦粉混合使用。因黑麦粉颜色发黑，全部用黑麦粉做的面包称黑面包。

六、藜麦

藜麦，原产于南美洲安第斯山区，是印加土著居民的主要传统食物，有5000～7000多年的食用和种植历史，由于其具有独特的营养价值。古代印加人称之为"粮食之母"，主要分布于南美洲的玻利维亚、厄瓜多尔和秘鲁，具有耐寒、耐旱、耐瘠薄、耐盐碱等特性，是喜冷凉和高海拔的作物。从海平面至4000多米都有分布，食用的品种主要种植在安第斯山海拔3000米以上，降雨量在300毫米的高海拔山区。20世纪末在中国西藏等地区开始实验种植，主要种植地区有甘肃、青海、山西、

藜麦

云南和内蒙古。种子颜色主要有白、红、黑三色系，不同品种种子大小和颜色有差异，白色系大多品种为乳白、淡灰、淡黄，深色系品种颜色为黑、红、褐、棕红等。

不同颜色的藜麦种子营养成分相差不大，其中白色口感最好，黑、红色口感相对差些，籽粒也较小。联合国粮农组织认为藜麦是一种单体植物，可基本满足人体基本营养需求，推荐藜麦为最适宜人类的全营养食品。

藜麦可加工麦碎及麦粉，主要用于一些面包、麦饼、饼干等制作。

第二节　大米

大米使由稻谷经脱壳加工而成，我国是世界上主要的产稻国家之一，其品种和种类较多。按其生长的自然环境可分为水稻和旱稻；按其生长期长短可分为早稻、中稻和晚稻；按其形态和性质特点可分为籼稻、粳稻和糯稻。

水稻是世界上最重要的粮食作物之一，全球一半以上的人口以稻米为主要食物来源。据统计，全世界有122个国家种植水稻，水稻在全球的分布主要集中在东亚、东南亚、南亚；其次是地中海沿岸各国；第三是美国和巴西。世界十大水稻生产国是中国、印度、印度尼西亚、孟加拉国、越南、泰国、缅甸、菲律宾、巴西和日本。

一、籼米

籼米又称南米、机米。根据其收获季节，可分为早籼米和晚籼米两种。其主要特征是：粒形细长，横断面为扁圆形，灰白色，籼米透明的较多，硬度中等，黏性小，因含直链淀粉较多，胀性大，出饭率高，口感干而粗糙。

籼米除作为主食外，在西点制作中主要应用其米粉，如制作米糕。

籼米

二、粳米

粳米又称圆粒大米。其产量仅次于籼米。根据收获季节，可分为早粳米和晚粳米两种。其主要特征是：硬度大，有韧性，胀性小，黏度及出饭率都不及籼米，口感比籼米好，柔软香甜可口。

粳米除作为主食外，在西点制作中主要应用其米粉，如制作米糕，也可用于发酵。

粳米

三、糯米

糯米又称江米、酒米。其主要特征是：米粒宽厚，近似圆形，硬度低，黏性大，胀性小，色泽乳白，不透明，出饭率低。

糯米除作为主食外，在西点制作中主要应用其米粉，如制作米糕，也用于酶解大米，制备脂肪替代品。

糯米

四、香米

香米又称香禾米。其香味除品种因素外，主要是土壤及地下水含锌、锰、钛、钒、钴、锶等微量元素所致，不能异地种植。其主要特征是：半透明，光滑油润，腹白小，香味奇特，且有挥发性，蒸煮米饭时拌和少许，米饭柔软浓香，清香四溢。有补脾、健胃、清肺之功效，被誉为"粮中珍品"。目前，市场上以泰国香米较为有名。

香米

香米除作为主食外，主要用来煮各种粥和主食，西点中常用于做各种布丁、面包等点心。

第三节　玉米

一、玉米

玉米在我国又称玉蜀黍、苞谷、苞米、珍珠米、棒子、玉菱、玉麦、芦黍等，是世界第三大粮食作物，在我国播种面积很大，分布也很广，主要产于河北、河南、山东、黑龙江等地。国外主要分布在美洲，在非洲、罗马尼亚、意大利北部、马来西亚等国家也有种植，品种较多，色彩鲜艳，可加工成玉米粉或玉米碎等。

玉米

玉米中含有大量膳食纤维和矿物质镁，可加强肠壁蠕动，促进机体废物的排泄，对于减肥非常有利。黄玉米还含有丰富的叶黄素。

玉米籽粒根据其形态、胚乳的结构以及壳的有无可分为硬粒型、马齿型、半马齿型、粉质型、甜质型、甜粉型、蜡质型、爆裂型、有稃型。

依据种皮颜色将玉米分为黄玉米、白玉米和混合玉米。

按商品分类，玉米可分为常规玉米和特用玉米。所谓特用玉米，指的是除常规玉米以外的各种类型玉米。传统的特用玉米有甜玉米、糯玉米和爆裂玉米，新近发展起来的特用玉米有优质蛋白玉米（高赖氨酸玉米）、高油玉米和高直链淀粉玉米等。由于特用玉米比普通玉米具有更高的技术含量和更大的经济价值，国外把它们称之为"高值玉米"。

玉米在西点运用中应用较广。玉米磨成粉后，可制作玉米面包、玉米蛋糕、饼干等。

二、玉米粉

黄色的玉米粉是玉米直接研磨而成，有非常细的粉末的称为玉米面粉，颜色淡黄。粉末状的黄色玉米粉在饼干类的使用上比例要高些，它是非常细致的淡黄色粉末。

另一种较粗砾的细颗粒状的玉米粉大多用来做杂粮口味的面包或糕点，它也常用来洒在烤盘上，作为面团防粘之用，如烤比萨时用玉米面作为防粘之用。

第四节 粉类

一、淀粉

淀粉又称为芡粉、粉面，广泛存在于植物的变态根、变态茎、果实及种子中。是植物体中贮存的养分，大多以玉米、小麦、马铃薯、甘薯、木薯等为原料，经过浸泡、破碎、过筛、分离淀粉、洗涤、干燥和成品整理等工序制得，为我国传统的增稠剂。成品为白色而具有光泽的粉末或块状，无味无臭，在冷水和乙醇中不溶解，水中加热至55～60℃则吸水糊化，形成半透明凝胶和胶体溶液。

各种淀粉是由多个葡萄糖分子缩合而成的多糖聚合物。西点中应用的主要有绿豆淀粉、木薯淀粉、甘薯淀粉、红薯淀粉、马铃薯淀粉、麦类淀粉、菱角淀粉、藕淀粉、玉米淀粉等。淀粉不溶于水，在和水加热至60℃左右时（淀粉种类不同，糊化温度不一样），则糊化成胶体溶液。

玉米淀粉

淀粉在西点运用中主要用作增稠剂，常用来制作布丁、蛋糕和西饼馅料。

1. 玉米淀粉

玉米淀粉是从玉米中提取的淀粉，产量大、加工精细，是烹调中使用普遍、用量最大的淀粉之一。成品色白而细腻，和水加热至64～72℃时糊化，速度较慢，黏度上升缓慢，糊丝较短，透明度较差，但凝胶强度好。在使用过程中宜用高温，使其充分糊化，以提高黏度和透明度。

马铃薯淀粉

2. 马铃薯淀粉

马铃薯淀粉又称土豆粉、太白粉，是常用的淀粉，是将马铃薯磨碎后，揉洗、沉淀制成的。成品色泽洁白，有光泽，粉质细，和水加热至59～67℃即快速糊化，黏性较大，糊丝长，透明度好，但黏度稳定性差，胀性一般，吸水性差。

3. 小麦淀粉

小麦淀粉又称澄面、汀粉，是面团洗出面筋后，沉淀而成或用面粉制成。特点是：色白，但光泽较差，质量不如马铃薯

小麦淀粉

粉。主要还是应用于西点中作为增稠剂、胶凝剂、黏结剂或稳定剂等。

甘薯淀粉

4. 甘薯淀粉

甘薯淀粉又称山芋粉、红薯粉，是用甘薯的块根加工而成的淀粉，质较差。成品色泽灰暗，糊化温度高达70～76℃，热黏度高但不稳定，淀粉糊较透明，凝胶强度很低。用其制作的粉丝韧性差，勾芡效果不佳，多单独或同谷类、豆类淀粉混合后用于淀粉制品的加工。

5. 西谷椰子淀粉

西米即西谷米，是印度尼西亚特产，是用木薯粉、麦淀粉、苞谷粉加工而成的圆珠形粉粒。最为传统的是从西谷椰树（又名莎谷，沙谷）的木髓部提取的淀粉，经过手工加工制成。在太平洋西南地区，西米是主要食物，用其粗粉做汤、糕饼和布丁。在世界各地，主要的食用方法是制布丁或作为酱汁增稠剂。

西谷椰子淀粉

二、其他面粉

1. 杏仁粉

"杏仁粉"并非磨坊制粉的产品（如小麦磨制成面粉），而是将杏仁研磨成像面粉一样细致的粉末，是杏仁的一种加工产品，与杏仁露一样，其原料都是杏仁。杏仁粉，可保养皮肤，淡化色斑，使皮肤白嫩。古代波斯人和阿拉伯人用杏仁肉和水制成"杏奶"，作为提神饮品，或是作为其他食物的调味原料。杏仁粉含有丰富的纤维素，国产甜杏仁含粉质、磷、铁、钙、维生素B_{12}及不饱和脂肪酸等重要的营养元素。

杏仁粉

杏仁粉可为费南雪、杏仁蛋糕这一类的甜点增添杏仁的风味及香气。同时也适合用于饼干、曲奇、面包、蛋糕等点心的制作，制作出来的点心既保留了原来松软的口感，又添加了杏仁的风味。用纯杏仁粉制作的点心会呈现出酥松的口感和清新的杏仁香气。

2. 葛根粉

葛根粉是用一种多年生植物"葛"的地下结茎做成的，因为"葛"的整个节茎几乎就是纯淀粉，将这些节茎刨丝、清洗、烘干、磨粉，就是葛根粉。葛根粉可用于将汤汁变得浓稠，和玉米淀粉及太白粉的作用类似，但是玉米淀粉、太白粉需在较高的温度下才会使汤汁呈现浓稠状，而葛根粉则在较低的温度下即可起作用。因此，含有蛋的美式布丁，因为蛋很容易在较高的温度下结块，这时候就很适合用葛根粉作为增稠剂。常用作蛋糕、饼干的辅助原料。

葛根粉

3. 木薯淀粉

木薯别名树薯、木番薯。木薯粉又称菱粉、泰国生粉（因为泰国是世界上第三大木薯生产国，仅次于尼日利亚和巴西，在泰国一般用它做淀粉）。它在加水遇热煮熟后会呈透明状，口感带有弹性。常用来制作一些果冻、布丁等。

木薯淀粉

4. 预拌粉

预拌粉也称之为预混粉，是指按配方将西点所用的部分原辅料预先混合好，然后销售给厂家使用的西点原料。主要品种有：红枣预拌粉、麻薯预拌粉、香蕉预拌粉、蜂蜜蛋糕预拌粉、拉丝面包预拌粉、鸡蛋糕预拌粉、泡芙预拌粉、综合预拌粉、巧克力预拌粉、杂粮预拌粉、奶香预拌粉等。

专业烘焙预拌粉

西点预拌粉与一般意义上的单一原料有着本质区别，它是将一些西点技术含量以复配粉的方式包含在内的一个复配半成品。它含有非常先进的物理、化学、生物等高尖端技术，但以非常普通的相貌及简单而通俗的形式展现在西点人员面前。预拌粉由厂家将众多复杂的食品材料，以专业方式调配而成，以降低制作的专业性、技术性及失败率。

本章小结　　通过本章学习，重点掌握西点常用原料的性质特点，特别是对面粉方面知识的掌握尤为重要。因为面粉在西点应用中食用量大，应用范围广，对一些特殊用粉，要加以掌握和区别。

思考练习题

① 什么是谷物？有哪些种类？

② 面粉的等级是如何划分的？其运用应注意什么？

③ 西点中的谷物原料有哪些？在西点中有何具体运用？

④ 西点中常用的淀粉有哪些？各有什么特点？

⑤ 如何贮存谷物类西点原料？

⑥ 请查阅资料，了解外国更多的特殊性的谷物类西点原料。

第三章

蔬果类

章节导读

　　蔬菜和果品是植物性面点原料中重要的一大类。蔬菜和果品，品种丰富。在日常生活中，对于蔬菜和果品类原料的选择与加工，大多数人对常见蔬菜和果品有一定的实际操作经历，但对于一些比较特殊的原料，则了解不多，这给操作带来一定的难度。通过本章的学习，进一步了解蔬菜和果品的品种及特点，掌握蔬菜和果品选择与加工的知识，并能运用于西点制作，对于一些常规的蔬菜和果品原料能够进行一定的加工处理并达到一定要求。

学习目标

1. 了解西点常用蔬菜和果品类原料的种类。
2. 了解西点常用蔬菜和果品原料的品质检验和贮存方法。

3. 掌握西点常用蔬菜和果品原料在西点中的运用。

第一节　西点制作中常用的蔬菜

蔬菜是植物性西点原料中重要的一大类，通常是指可供佐餐食用的草本植物的总称。此外，还包括少数木本植物的嫩枝、嫩茎和嫩叶以及部分低等植物。

一、蔬菜的营养成分

1. 蛋白质

蔬菜中的蛋白质含量较低，但野菜的蛋白质含量稍高于蔬菜，豆类中含植物蛋白较多，且易被人体消化吸收。

2. 脂肪

蔬菜中的脂肪含量很低，主要存在于一些蔬菜的果实中，如油菜籽，蔬菜中的脂肪含不饱和脂肪酸较多，人体较容易吸收。

3. 碳水化合物

蔬菜中所含的碳水化合物主要有淀粉和纤维素，块茎类的蔬菜中含淀粉较多，是人体所需热量的来源；地上茎及叶菜类中纤维素较多，纤维素能促进人的肠胃蠕动，有助于人体的消化和吸收。

4. 维生素

蔬菜是人体获得维生素的重要来源，蔬菜中维生素除维生素A和维生素D外，其他维生素都广泛存在。其中最突出的是维生素C和胡萝卜素，含量十分丰富，维生素对维持人体的生理机能有重要作用。

5. 矿物质

蔬菜时人体所需矿物质的重要来源之一，蔬菜中含有丰富的钙、磷、铁、钾、钠、镁、锌、铜等矿物质，这些矿物质是组成人体的各种组织的重要组成部分，对维持人体的渗透压、调节人体的酸碱平衡及人体的各种生理机能有重要作用。

6. 水分

蔬菜中含有大量的水分，是形成蔬菜脆嫩的主要因素，但因为水分含量大，在保管贮存的过程中，容易腐烂。

7．有机酸、挥发性物质和色素

蔬菜中含有许多有机酸，如番茄含有大量的柠檬酸及少量的苹果酸等，因此蔬菜具有一定的酸味。

蔬菜中还含有多种挥发性物质，如葱、姜、蒜、辣椒等的辛辣味；芹菜、香菜的辛香味；这些都是挥发性物质引起的。

蔬菜中还有大量的色素，如叶菜类中的叶绿素、胡萝卜中的胡萝卜素、番茄中的番茄红素等。

二、蔬菜的分类

1．根据蔬菜的来源分

根据蔬菜的来源可分为人工栽培蔬菜和野生蔬菜。

2．根据其构造和可食用部分分

（1）叶菜类　以蔬菜的叶片和叶柄为主要食用部位，如大白菜、小白菜、菠菜、油菜等。

（2）茎菜类　以蔬菜的茎为主要食用部位，根据部位不同，又可分为地上茎、根茎、块茎、球茎、鳞茎等，地上茎如莴苣、茭白、芦笋等；根茎如藕、姜等；块茎如土豆、山药等；球茎如荸荠、慈姑等；鳞茎如洋葱、百合等。

（3）根菜类　以蔬菜的根为主要食用部位，如萝卜、胡萝卜等。

（4）花菜类　以蔬菜的花为主要食用部位，如菜花、黄花菜等以及花卉类中的一些花。

（5）果菜类　以蔬菜的果实及幼嫩的种子为主要食用部位，又分为茄果类、荚果类和瓜果类，茄果类如辣椒、茄子、番茄等；荚果类如刀豆、嫩蚕豆、毛豆等；瓜果类如冬瓜、黄瓜、南瓜等。

（6）食用菌藻类　主要是食用菌和食用藻类，食用菌类如木耳、银耳、香菇等；食用藻类如海带、紫菜等。

三、蔬菜在西点中的运用

（1）蔬菜可作为制作西点馅料的原料　如馅饼、比萨等。

（2）部分蔬菜可增香　如葱、姜、蒜等，经过烘烤后，香味浓郁。

（3）蔬菜是西点天然色素的原料　如青菜、胡萝卜、紫甘蓝等榨汁。

（4）蔬菜可作为西点装饰、配色和点缀的原料　蔬菜具有丰富的色彩，多样的质感，可用于点心的围边、垫底、拼衬、填充等，使成品形色俱佳，起到美化、烘托主题的作用。

四、西点中常用的蔬菜

1. 菠菜

菠菜又称波斯草、鹦鹉菜等，因其根红，又称赤根菜等。原产伊朗，常见的品种有尖叶菠菜、圆叶菠菜和大叶菠菜等。冬春季节上市，是常见的蔬菜品种。

菠菜营养丰富，含有丰富的维生素、矿物质和植物纤维，能促进人体新陈代谢，通肠导便，延缓衰老，其所含的矿物质铁，对缺铁性贫血有较好的辅助治疗作用。

菠菜中还含有草酸，过多的草酸会影响人体对钙的吸收，并影响口味，因此，菠菜食用前应焯水。

菠菜

菠菜在西点制作中主要用于馅料、取汁配色等，如菠菜馅饼、意大利绿色面条。

2. 包菜

包菜又称为圆白菜、包心菜、牛心菜、卷心菜、洋白菜等。原产欧洲的大西洋沿岸以及地中海沿岸地区，现世界各地均有种植，外形有圆、扁圆、鸡心等形状，叶肥脆嫩，外表呈绿色，内部为黄白色。

包菜营养丰富，所含维生素C和磷、钙较多，特别是人体必需微量元素锰，对人体代谢有非常重要的作用，膳食纤维含量高。

包菜

包菜在西点制作中，主要用于馅料以及点心的装饰、垫底等。

3. 荷兰芹

荷兰芹又称洋芫荽、法国香菜、香芹菜，为伞形科欧芹属一年或两年生草本植物，主要以嫩叶供食用。荷兰芹原产于地中海沿岸，16世纪前专作药用，以后作为蔬菜栽培，中国少有栽培，但目前栽培面积逐步扩大，荷兰芹一般可分为光叶和皱叶两种。

荷兰芹含有多种维生素、挥发性物质及少量矿物质。荷兰

荷兰芹

芹的品质以叶片浓绿密集，叶团均匀，不带黄叶者为佳。主要用于西点的调味增香。

荷兰芹可生食、做汤，因其色泽和形态独特，是理想的菜肴和西点装饰原料。

4. 芫荽

芫荽又称香菜、胡荽、莞荽、延菜、香荽等。原产中亚及地中海沿岸，汉代由张骞引入我国，现全国均有栽培，以华北地区种植最多，四季均有上市。其茎纤细、色浓绿，柄细长而疏散，因芫荽含有挥发性的芫荽油，具有浓郁的芳香味。

芫荽质鲜嫩，香气浓郁、色泽青绿，以生食居多，常作为调味品及装饰点缀材料。

芫荽在西点制作中可作为调味料或装饰料来使用。

芫荽

5. 生菜

生菜是叶用莴苣的俗称，春秋季节上市较多，也称莴苣菜，原产地中海沿岸，现全国均有栽培，以南方省份较多。生菜按叶片颜色可分为绿生菜、紫生菜两种；按叶的生长形态有散叶生菜、结球生菜两种。生菜水分含量高，叶清脆爽口、鲜嫩、含热量低，主要生食，是西餐中蔬菜沙拉的主要品种。

生菜在西点制作中可作为装饰点缀的原料，也是食用汉堡常用的配料。

生菜

6. 萝卜

萝卜又称莱菔、芦菔。原产我国，是我国栽培历史较为悠久的品种，萝卜的食用部分为其根部膨大的肉质根，水分含量高，质感爽脆，其形状有长、圆、扁圆、纺锤、圆锥等形状。其适应性强，产量高，成熟快，一年四季均有上市。

萝卜的品种很多，按季节可分为春萝卜、冬萝卜、水萝卜、四季萝卜、心里美萝卜等，按颜色可分为青萝卜、红萝卜、白萝卜等。

萝卜

萝卜富含维生素、糖类和矿物质，还含有淀粉酶和芥籽油，因此，萝卜有助于消化，芥籽油是形成萝卜辛辣味的主要成分。萝卜是一种大众化蔬菜，可作水果生食，也可加工成各种制品，其营养丰富，有很好的食用价值。

萝卜在西点中食法多样，主要用于制作馅料。

7．胡萝卜

胡萝卜又称丁香萝卜、红萝卜、黄萝卜等。原产地中海地区，现全国各地均有栽培，秋冬季节大量上市。胡萝卜供食用的部分是肥嫩的肉质直根，其形状有圆锥形和圆锤形，颜色有红、黄、白、紫等。我国栽培最多的是红、黄、白三种。

胡萝卜肉质细密、质地脆嫩，有特殊的甜味，可生食，含有丰富的胡萝卜素、维生素C和B族维生素，有"小人参"之称。

胡萝卜生食、熟食均可，在西点制作中常用来制作派、比萨等，或用来榨汁给面团上色。

胡萝卜

8．马铃薯

马铃薯又称洋芋、土豆、地蛋、山药蛋等，原产南美洲，明代传入我国，全国各地均有栽培，西南和东北为主要产地。马铃薯易栽培，产量高，耐贮存，夏秋季节上市。

马铃薯的品种较多，形状有球形、椭圆形、扁平形、细长形等；颜色有黄、白、红等颜色，肉质有白、黄两种颜色，白色最为常见。马铃薯营养丰富，富含淀粉和各种维生素，国外营养学家称它为"十全十美的食物""第二面包"，许多国家用它做主食，如马铃薯面包。

马铃薯

马铃薯食法多样，西点制作中主要利用马铃薯富含淀粉的特点，制作土豆泥等系列品种。

值得注意的有两点：一是马铃薯去皮后易变色，因此，马铃薯去皮后要泡在水中，防止褐变；二是马铃薯发芽后会产生龙葵素等有毒成分，特别是在发芽部分，因此，发芽的马铃薯不能食用。

9．芦笋

芦笋又称石刁柏、龙须菜。原产地中海，20世纪传入我国，以浙江、山东、江苏、河南等省栽培较多。

芦笋可生长到1.5米左右，食用部分是早春生长的新笋嫩芽，出土前为白色，见光后呈淡绿色或淡紫色。按其季节可分为早熟、中熟、晚熟三个品种。早熟品种嫩茎多而细，晚熟品种嫩茎少而粗。以鲜嫩条整，白色，尖端紧密，无空心，无开裂，长12～16厘米品质最好，被誉为"蔬菜之王"，为名贵蔬菜。

芦笋

芦笋营养丰富，含有多种维生素、矿物质和各种氨基酸。

芦笋用途极广，在西点制作中可以与肉类原料配合制作派或比萨。

10. 葱

葱是一种常见而且重要的蔬菜，不仅作蔬菜，而且还是种调味品。葱属多年生草本植物，极耐寒冷，以叶和茎为其食用部分。全国各地均有栽培，一年四季均可上市。其品种有大葱、分葱、胡葱和楼葱之分。大葱按照生长时间的长短在北方地区又有羊角葱、地羊角葱、小葱、改良葱、水沟葱、青葱、老葱等品种。

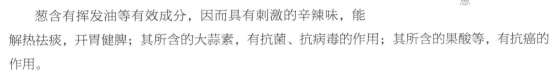

葱

葱含有挥发油等有效成分，因而具有刺激的辛辣味，能解热祛痰，开胃健脾；其所含的大蒜素，有抗菌、抗病毒的作用；其所含的果酸等，有抗癌的作用。

大葱不仅是蔬菜，也是一种调味品，在西点制作中用途极广，主要用来调味，如葱油面包、葱油饼干等，以增加香味。

11. 洋葱

洋葱又称葱头、胡葱、圆葱、玉葱等。原产伊朗、阿富汗，目前全国各地均有栽培，四季均能生长，以秋季上市较多。

洋葱属鳞茎类，有球形、扁球形和椭圆形，外皮的颜色有红皮、黄皮、白皮三种类型。以葱头肥大、外皮完整、无损伤、有光泽、不抽薹、辛辣味浓者为上品。

洋葱

洋葱富含维生素、矿物质和挥发油，具有刺激的辛辣味，其含硫化合物有杀菌的作用，生物活性成分有利尿作用；洋葱油具有降血脂的作用；其无机盐钾和钠的比值较高，有扩张血管、降血压的作用；洋葱含有的与甲磺丁酮作用相似的有机物，有降血糖的作用，微量元素硒有抗癌的作用。因此，洋葱是一种集营养、医疗与保健于一身的特色蔬菜，有"菜中皇后"的美称。

洋葱用途广，在西式点心中多是用来制作馅料、调汁，如洋葱派、葱花热狗等，比萨汁中也少不了洋葱。

12. 姜

姜也称生姜、黄姜等，多年生草本植物，食用部位为地

姜

下肉质根状茎。原产我国及东南亚等热带地区，目前除东北、西北寒冷地区外均有栽培，以浙江、山东等地较多，秋季上市。

姜按植株形态和生长习性可分为疏苗型和密苗型；按质地可分为老姜和嫩姜；按外皮颜色可分为白姜、紫姜、绿姜、黄姜等。老姜水分少，辛辣味浓，多作调味品。嫩姜水分大，纤维少，辛辣味淡，可作为蔬菜使用，以无泥土、不烂、不瘪、不冻、形整为佳。

姜除含有维生素、矿物质营养素外，还含具有辣味的姜油酮、姜油醇等物质。

在西点制作中常用来为馅料调味，特别是在荤馅制作中可以起到去腥解腻增香的作用。

13．大蒜

大蒜又称胡蒜、蒜、蒜头。原产欧洲南部和中亚地区，目前全国各地均有栽培。比较有名的品种有苍山大蒜、嘉定大蒜、开原大蒜、邳州大蒜等。大蒜的地下肉质鳞茎（蒜头）及其嫩苗（蒜苗）、花茎（蒜薹）均可食用。

大蒜

大蒜含有蒜素，因而辛辣味浓，具有较强的杀菌作用，其营养丰富，香味浓郁，增人食欲。

大蒜用途较广，西点制作中常作为调味料来使用，如比萨汁中常用大蒜来调味，具有独特的口味。

14．西蓝花

西蓝花原产于意大利，目前西欧地区种植较广。我国自20世纪70年代由南到北逐渐有所栽培，以台湾省栽培较为普遍，全年均有上市。西蓝花耐寒和耐热力强，主要品种有绿彗星、大叶青花、意大利青等。

西蓝花

西蓝花含有较多的维生素C和叶绿素等营养成分。品质以色泽浓绿，质地脆嫩，叶球松散，无腐烂，无虫伤者为佳。

西蓝花主要作比萨的辅料，如西蓝花三角比萨；也可作西点围边点缀原料。

15．南瓜

南瓜，又称番瓜、倭瓜、饭瓜，为葫芦科南瓜属一年生蔓性草本植物，以果实供食用。南瓜起源于中、南美洲，16世纪传入亚洲，现全国各地普遍栽培，夏秋季大量上市，南瓜按果实的形状分为圆南瓜和长南瓜两类。

南瓜含有多种维生素，尤其以胡萝卜素含量为最，居瓜类

南瓜

蔬菜之冠。

　　南瓜的品质以皮薄肉厚，组织细密，风味甜美，无损伤，皮不软，不烂者为佳。

　　南瓜既可以作为蔬菜食用，又能长期贮存代替粮食，西点中可做奶油蛋白南瓜派、南瓜饼等。

16．番茄

　　番茄，又称西红柿、洋茄子、洋柿子，为茄科番茄属一年生草本植物，以幼嫩多汁的肉质浆果供食用。番茄起源于南美洲的安第斯山地带，中国明代从欧洲及东南亚引入栽培种番茄，当时仅作为观赏植物，到20世纪初才开始食用。现在全国各地均有栽培，四季均有上市，以夏秋季产量最高。番茄按果形可分为圆球形、梨形、扁圆球形、椭圆形等；按果皮的颜色可分为红、粉红和黄色三种。

番茄

　　番茄营养丰富，含有较多的葡萄糖、蛋白质、有机酸、维生素及矿物质，具有促进食欲、帮助消化的作用，番茄还含有一定量的番茄碱，有轻度抑菌作用。

　　番茄的品质以形状周正，无裂口，无挤压，无虫咬，肉肥厚，成熟适度，酸甜适口者为佳。

　　番茄生吃、熟食皆可，也可制作面包等，如意大利番茄面包、番茄乳酪三明治，经加工还能制成常用调味品番茄酱。

17．茄子

　　茄子，又称落苏、矮瓜、昆仑瓜，为茄科茄属一年生草本植物，以幼嫩的浆果供食用。茄子起源于东南亚热带地区，中国栽培茄子的历史悠久，被认为是茄子的第二起源地。目前全国各地均有种植，夏季大量应市。茄子品种繁多，按果形可分为长茄、矮茄和圆茄三种。

茄子

　　茄子含有多种矿物元素和维生素，尤以钙、维生素E、维生素P含量较高，现代医学证明常食茄子对心血管疾病有一定的预防作用。

　　茄子的品质以形状周正，无裂口，不锈皮，皮薄籽少，肉厚细嫩，老嫩适度者为佳。

　　茄子在西点中多用于制作三明治，如茄子三明治。

18．辣椒

　　辣椒，又称大椒、辣子、海椒、番椒、辣茄，为茄科辣

辣椒

椒属一年生或多年生草本植物，以果实供食用。辣椒原产于南美洲的秘鲁，明代传入中国。主要分布在西北、西南、中南和华南各省，其他各地也有栽种，夏秋季节大量上市。辣椒品种繁多，按果形可分为长椒、灯笼椒、簇生椒、圆锥椒、樱桃椒五类。

辣椒以维生素C含量为多，居各菜之首，辣椒还含有辣椒素，具有强烈的辛辣味，可以刺激食欲，促进消化。

辣椒在西点中常用作调味品，如辣椒牛肉丸比萨等。

19. 豌豆

豌豆，又称寒豆、麦豆、回回豆，为豆科豌豆属一年或两年生攀缘性草本植物。嫩荚、嫩豆可炒食，嫩苗是优质鲜菜。豌豆原产于埃塞俄比亚和高加索南部及伊朗等地，在汉代传入中国，目前我国南北各地均有栽培。豌豆的栽培品种有粮用豌豆、菜用豌豆和软荚豌豆三类。菜用豌豆以江南各省种植较多。豌豆按豆荚结构分为硬荚豌豆和软荚豌豆两类，硬荚豌豆的豆荚不可食用，以种子（即青豆粒）供食，代表品种有解放豌豆、阿拉斯加豌豆等。软荚豌豆的豆荚纤维少，嫩荚可食用，代表品种有大荚豌豆、福州软荚等。

豌豆

豌豆营养丰富，含有较多的蛋白质、碳水化合物和多种维生素，以及钙、磷、铁等矿物质，对高血压和心脏病有一定的防治作用。

老豌豆可磨粉制作西点品种，也可以使用新鲜的豌豆，如奶酪豌豆面包中就使用新鲜的豌豆粒。

第二节　西点制作中常用的果品

果品是鲜果、干果和果制品的统称，是人工栽培的木本和草本植物的果实或种子以及其加工制品的总称，是人们日常生活中重要的副食品来源。

果品在西点运用中应用较广，主要是作为西点馅料的原料。我国是盛产果品大国，果品资源十分丰富，一年四季均有供应，尤其是夏秋两季上市最多，具体品种已达一万多种，现仍在不断开发新品种。

一、果品的分类

我国土地辽阔，地形复杂，寒、温、热三带气候俱全。因此，果树资源丰富，果品繁多。果品的分类，一种分法是按果成熟后含水分的多少分为鲜果和干果，鲜果，如桃、梨、杏、苹果、柑橘、香蕉、菠萝等；干果，如栗子、核桃、花生等。另一种是按果实的构造特点可分为：仁果类、核果类、浆果类、坚果类、柑橘类、复果类。

二、果品的营养成分

果品是人们日常生活中重要的食物之一，含有大量的水分、糖类、维生素和矿物质，蛋白质和脂肪的含量较低。除此以外，鲜果中还含有色素、有机酸、挥发性的呈香物质等。

果品中含有大量的水分，特别是鲜果，是果品脆爽的主要因素，很多营养物质溶解在水中。但鲜果水分含量大，不易保存。

果品中的糖类主要有单糖、双糖、多糖，以及淀粉、纤维素和果胶物质，鲜果中以单糖和双糖居多；干果中淀粉的含量较大。

果品中的维生素含量较多，主要是水溶性维生素，其中含量最多是维生素C，多食水果可补充维生素的不足。

果品中还含有大量的有机酸，如苹果酸、酒石酸、柠檬酸、琥珀酸等，这些有机酸对果品的不同风味物质的形成有重大影响。

干果中脂肪的含量较多，如花生、核桃、腰果、松子等。

成熟的果品还含有大量挥发性呈香物质，因此能发出诱人的香气。

鲜果中还含有一种单宁物质，单宁物质遇到铁会变黑，切开后容易氧化褐变，也影响人体对其他物质的吸收。

三、西点制作中常用的水果

1．苹果

苹果又称平波、频婆。果实呈圆形、扁圆形、长圆形、椭圆形等形状，果皮呈青、黄或红色。苹果的品种很多，亚洲是世界上最主要的苹果产区，但是大部分国家单产较低，品质较差；欧洲位居地二，西欧苹果单产较高，品质也高；北美、南美及澳洲国家总产量相对较低，但单产和品质高。苹果的生产新趋势是向优势区域集中。目前我国约有400余种，市场常见的有几十种，根据成熟期可分为早熟种、中熟种和晚熟种。苹

苹果

果的性质特点随不同地区、不同品种而不同，口味多呈酸甜味。

苹果营养丰富，富含糖类、维生素、果胶、有机酸以及钙等矿物质，苹果中的果胶还能调节人体生理机能。

苹果在西点运用中多用于蛋糕、面包的制作等，如肉桂苹果面包、苹果糖酱小面包等，也可做成苹果酱等。

2. 香蕉

香蕉原产于亚洲东南部热带、亚热带地区。我国是世界上栽培香蕉的古老国家之一，目前国外主栽的香蕉品种大多由中国传去。香蕉分布在东、西、南半球南北纬度30°以内的热带、亚热带地区。世界上栽培香蕉的国家有130个，以中美洲产量最多，其次是亚洲。我国香蕉栽培历史悠久，主要产于我国的广东、广西、台湾、福建、云南、贵州、四川等地。其主要品种有粉蕉和甘蕉两大类。一般7～11月上市。优良品种有

香蕉

北蕉、短香蕉、天宝蕉等。香蕉果实成串，成熟后色泽金黄，果肉白色略浅黄，食用其胎座，供鲜食，大蕉类可代替粮食。

香蕉营养丰富，富含糖分、矿物质和多种维生素，有止烦渴、润肺肠、通便、降血压、镇静等作用。

香蕉在西点中可用于面包、蛋糕、甜点制作，如"香蕉饼"，从香蕉中提取的香蕉精是食品中的名贵香料，在西点运用较广。

3. 菠萝

菠萝又称凤梨，果实为球果状，汁液丰富，香味浓烈。

菠萝是世界著名果品，也是重要的水果之一，原产巴西，我国热带地区盛产，主要有夏威夷种、神湾种和本地种。

菠萝营养丰富，富含维生素C、糖分及多种有机酸。有清热解渴、消食止泻、利尿消肿等功效。菠萝中还含有一种"菠萝蛋白酶"物质，对口腔黏膜和嘴唇皮肤有刺激作用。因此，鲜食时可用盐水浸泡一段时间，因为食盐能抑制菠萝酶的活性，但菠萝过敏者忌食。

菠萝在西点运用中多用于制作甜点，也可用于制作蛋糕、冰点以及装饰点缀、榨汁等。

菠萝

4．草莓

草莓又称洋莓、地莓、地果、红霉等。果实为聚合果，形状有圆锥形、圆形、心脏形。原产南美洲，我国20世纪初引进栽培，其品种繁多，全世界约有2000多个品种，每年五六月份为上市季节，果实鲜红美艳，柔软多汁，酸甜宜人，芳香馥郁，有"水果皇后"的美誉。

草莓

草莓营养丰富，富含果糖、蔗糖，各种有机酸，维生素和矿物质。

草莓在西点运用中，多用于制作草莓甜点、草莓酱及在蛋糕上起装饰点缀美化作用，如草莓忌廉包、草莓酱面包、奶油草莓面包。

5．蓝莓

蓝莓，一种小浆果，果实呈蓝色，色泽美丽，被一层白色果粉包裹，果肉细腻；种子极小，甜酸适口，且具有香爽宜人的香气，为鲜食佳品。蓝莓起源于北美，为多年生灌木小浆果果树。因果实呈蓝色，故称为蓝莓。

蓝莓

蓝莓在全球基本都有分布，主要分布在气候温凉、阳光充足地区，如朝鲜、日本、蒙古、俄罗斯、欧洲、北美洲以及中国大陆的黑龙江、内蒙古、吉林长白山地区，生长于海拔900～2300米的地区，多见于针叶林、泥炭沼泽、山地苔原和牧场，也是石楠灌丛的重要组成部分。北美地区的蓝莓质量全球闻名，主产于美国，又被称为美国蓝莓。

蓝莓果实中含有丰富的营养成分，具有防止脑神经老化、保护视力、强心、抗癌、软化血管、增强人机体免疫等功能，营养成分高。

蓝莓在西点运用中，多用于制作蛋糕和面包，如蓝莓重奶油蛋糕。

6．椰子

椰子为棕榈科植物椰子树的果实，起源于东南亚马来群岛，是我国热带主要果品之一。我国主要产于海南、台湾等地。椰子果实呈坚果状，外果皮薄，中果皮厚。其果肉为白色乳脂状、质脆滑，有花生仁和胡桃肉混合的香气，椰汁丰富、乳白。品种有高椰和矮椰之分。

椰子

椰子肉及汁营养丰富，富含蛋白质、脂肪、糖类、多种纤维素和矿物质。

椰子可加工成椰蓉，是西点中常用的原料，多用于制作蛋糕和面包，如椰子重奶油蛋糕。

7. 葡萄

葡萄又称蒲桃、山葫芦、草龙球，原产欧洲、亚洲南部和非洲北部，现全国各地均有栽培，以新疆、甘肃、河北、陕西等较多。葡萄的品种很多，主要有龙眼、黑鸡心、牛奶黑玛瑙、白玛瑙、紫玛瑙等，引进的品种有粉红太妃、葡萄园皇后、玫瑰无核黑、巨峰、零丹等，口味酸甜，颜色有黑、白、紫、红等色。

葡萄

葡萄营养丰富，富含糖分、有机酸、维生素、矿物质，其糖分极多，且是葡萄糖，易被人体消化吸收。

葡萄在西点制作中，常用其制品葡萄干来加工制作面包、蛋糕，如葡萄干面包、葡萄干蛋糕卷等，用途较广。

8. 桃

桃，又称桃子，原产于我国，现全国各地均有栽培。桃因色、香、味、形俱佳而被誉为果中仙品。根据分布地区和果实类型可分为北方桃品种、南方桃品种、黄肉桃品种、蟠桃品种和油桃品种。

桃

桃子含有多种维生素、矿物质、苹果酸、柠檬酸、果胶、单宁和挥发油。桃所含的碳水化合物为果糖、葡萄糖、蔗糖和木糖，均易被人体消化吸收利用。

桃除供鲜食外，可用于面包、蛋糕、甜点制作，还可以制作果盘、果羹，榨取果汁。

9. 柑橘

柑橘，原产我国，是世界上最重要的水果品种，也是我国的四大水果之一。在我国栽培历史悠久，主要分布在长江以南，具有产量高、品种多、分布广、耐贮藏、供应时间长的特点。

我国的柑橘包括柑和橘两大类，其共同特点是果实圆形，果皮黄色、橙色或红色，薄而宽松，易剥离，故又称宽皮橘、松皮橘。含有丰富的营养成分，包括维生素、碳水化合物、蛋白质、脂肪、膳食纤维、烟酸以及钾、钠、钙、磷、镁等矿物

柑橘

质。碳水化合物中的葡萄糖、果糖、蔗糖，有机酸中的苹果酸、柠檬酸等成分有调节人体新陈代谢等生理功能。

柑橘除鲜食外，从果实里提取的芳香油是西点常用的原料。

柠檬

10. 柠檬

柠檬，又称洋柠檬，原产于马来西亚。果呈椭圆形或卵圆形，果皮黄色，表面粗糙，两端呈乳头状，果皮厚而香，果肉具有浓烈的香气和酸味。著名品种有香柠檬、里斯本柠檬等。

柠檬一般生食，还可以制作水果慕斯、蛋挞等，如柠檬奶露面包、柠香海绵蛋糕、柠檬夹心蛋糕等。

11. 猕猴桃

猕猴桃

猕猴桃又称阳桃、藤梨、羊桃、仙桃、奇异果等，俗称猴子梨、茅梨，为猕猴桃科植物猕猴桃的果实。原产我国，主要分布在长江以南地区，全世界猕猴桃属植物共有54种，原产我国的就有52种，最先对猕猴桃进行商品化生产的是新西兰，1978年以后我国开始大力开发猕猴桃，并正式将其命名为"中华猕猴桃"。

猕猴桃果皮鲜绿或淡褐，果肉青绿或嫩黄，果心乳白，切片后晶莹透明，并有放射状花纹，乳香幽幽，清爽多汁，甜酸适口，风味独特，色香味俱佳。

猕猴桃营养丰富，含蛋白质、脂肪、膳食纤维、碳水化合物和多种维生素。

猕猴桃除鲜食外，西点中主要用来制作水果蛋糕、蛋挞、甜点等。

12. 火龙果

火龙果

火龙果，又称红龙果、龙珠果、仙蜜果、玉龙果。火龙果为热带、亚热带水果，喜光耐阴、耐热耐旱。原产地中美洲的哥斯达黎加、危地马拉、巴拿马、厄瓜多尔、古巴、哥伦比亚等地。后传入越南、泰国等东南亚国家和我国的台湾、海南、广西、广东、福建、云南等省区。

果实呈椭圆形，直径10～12厘米，表皮红色，肉质，具卵状而顶端极尖的鳞片，果皮厚，有蜡质。果肉白色或红色，有近万粒具香味的芝麻状种子，故称为芝麻果。

火龙果因为外表像一团愤怒的红色火球而得名。里面的果肉就像是香甜的奶油，但又布满了黑色的小籽。质地温和，口味清香。可用于面包、蛋糕、甜点制作。

火龙果营养丰富、功能独特，它含有一般植物少有的植物性白蛋白以及花青素，含有丰富的维生素和水溶性膳食纤维。

13.芒果

芒果是一种原产印度的漆树科常绿大乔木，而后传入泰国、马来西亚、菲律宾和印度尼西亚等东南亚国家，再传到了地中海沿岸国家，直到18世纪后才陆续传到巴西、西印度群岛和美国佛罗里达州等地，这些地方都有大片的芒果林。芒果叶革质，互生，果实成熟时黄色，味甜，果核坚硬。

芒果

芒果为著名热带水果之一，芒果果实含有糖、蛋白质、膳食纤维、维生素A、胡萝卜素等，是所有水果中少见的。可用于面包、蛋糕、甜点制作，如芒果面包、芒果果冻等。

14.车厘子（樱桃）

车厘子是英语"cherries"的音译，又名楔荆桃、含桃、朱樱、乐桃、表桃、梅桃、荆桃、崖蜜等。但它不是指个小色红皮薄的中国樱桃，而是产于美国、加拿大、智利等美洲国家的个大皮厚的樱桃。我国也有车厘子果树的引种，不过还没有形成规模。

车厘子

车厘子呈暗红色，果实硕大、坚实而多汁，略带粉红润泽，果肉细腻，汁无色，入口清香可口，甜美细嫩。果实营养丰富，含铁量高，具有促进血红蛋白再生，对贫血患者有一定的补益作用。在西点中多用于装饰点缀，也可用于面包、蛋糕制作，如樱桃卷、樱桃面包等。

15.百香果

百香果，西番莲科西番莲属的草质藤本植物，浆果卵球形，直径3~4厘米，无毛，熟时紫色，种子多。原产安的列斯群岛，广泛分布于热带和亚热带地区。我国主要分布于广东、广西、海南、福建、云南、台湾，有时也生长于海拔180~1900米的山谷丛林中。主要有紫果和黄果两大类。

百香果

果瓤多汁液，加入重碳酸钙和糖，可制成芳香可口的饮料，还可用来添加在其他饮料中以提高饮料的品质。百香果有"果汁之王""摇钱树"等美称。

果实球形或长圆球形，内有黄色果汁和黑色种子，含有蛋白质、脂肪、糖类和多种维生素及氨基酸等，营养丰富，酸甜可口，有石榴、香蕉、草莓、柠檬、芒果、酸梅等多种水果的香味，风味浓郁，芳香怡人，可鲜食和加工，可以加工成果汁、果露、果酱、果冻、口含片，主要以加工成果汁食用为主。适合制作成冰沙、果冻和冰淇淋。很适合与巧克力搭配，加工成糊状的百香果，非常适合制作西点。

16. 牛油果

牛油果又名油梨、鳄梨、酷梨、奶油果，有"森林黄油"的美称，因其果实含油量高，热带美洲人把它当作粮食食用，因此，牛油果是一种集果、粮、油于一身的保健品，成为引人瞩目的热带、亚热带新兴名果，许多国家都视其为果中珍品。原产于墨西哥和中美洲，后在加利福尼亚州被普遍种植，因此加利福尼亚州成为世界上最大的牛油果生产地。在全世界热带和亚热带地区均有种植，但以美国南部、危地马拉、墨西哥及古巴栽培最多，中国的广东、海南、福建、广西、台湾、云南及四川等地都有少量栽培。

牛油果

牛油果果实是一种营养价值很高的水果，含多种维生素、丰富的脂肪酸和蛋白质，钠、钾、镁、钙等含量也高，营养价值与奶油相当。

17. 莲雾

莲雾，又名天桃、辈雾、琏雾、爪哇蒲桃，原产于马来半岛，在马来西亚、印度尼西亚、菲律宾和我国台湾普遍栽培，是一种主要生长于热带的水果。中国台湾莲雾的品质最佳，果实具有特殊的芳香，清脆可口，模样雅观。中国台湾的莲雾是17世纪由荷兰人引进的，台湾屏东是最有名的产地。莲雾除了原来的红色和绿色以外，还有新品种的黑色莲雾。

莲雾

常用于制作蛋糕和面包，如莲雾黄油蛋糕等。

18. 释迦果

释迦果，为番荔枝科番荔枝属。多年生半落叶性小乔木植物，果实为聚生果，由数十个小瓣组成，每个瓣里含有一颗乌黑晶亮的小核（黑色的籽）。果实呈卵形，未熟果绿色，成熟果呈淡绿黄色。释迦果是世界五大热带名果之一，原产于热带美洲，喜爱温暖干燥的环境，多栽种于热带地区。因其形状像

释迦果

佛教中释迦牟尼的头型，故取名"释迦果"，又因为自"番邦"引入，故又称为"番荔枝"，也称佛头果、唛螺陀、洋菠萝、蚂蚁果、林檎。成熟时呈淡绿黄色，外表被以多角形小指大的软疣凸起（有许多成熟的子房和花托合生而成），果肉呈奶黄色，肉质柔软嫩滑，甜度很高，鲜食风味甚佳。现我国台湾、海南、广东、广西、云南、福建等地区均有种植，目前我国台湾种植最多，主要品种有土种释迦果、软枝释迦果、大旺释迦果、旺来释迦果等。

释迦果富含维生素及蛋白质、铁、钙、磷等。释迦果中富含的"番荔枝内脂"具有很强的抗肿瘤活性，所以释迦果被喻为"抗瘤之星"。

19. 波罗蜜

波罗蜜是热带水果，也是世界上最重的水果，一般重达5～20千克，最重超过59千克。原产印度西高止山。我国广东、海南、广西、福建、云南（南部）常有栽培。尼泊尔、印度锡金、不丹、马来西亚也有栽培。

波罗蜜

波罗蜜喜热带气候，适合生于无霜冻、年雨量充沛的地区。喜光，生长迅速，幼时稍耐荫，喜深厚肥沃土壤，忌积水。

波罗蜜中含有丰富的糖类、蛋白质、B族维生素（维生素B_1、维生素B_2、维生素B_6）、维生素C、矿物质、脂肪等，对维持机体的正常生理机能有一定作用。

绿色未成熟的果实可作蔬菜食用。波罗蜜虽然好吃，但在吃的时候也要多加注意，以防出现过敏的现象。因此在吃波罗蜜之前，最好是将黄色的果肉放到淡盐水中泡上几分钟，这样不仅能减少过敏的出现，而且还能让波罗蜜的果肉更加新鲜。西点中常用来制作蛋糕、面包、甜点，如波罗蜜黄油蛋糕、奶油波罗蜜果冻等。

20. 无花果

无花果，主要生长于一些热带和温带的地方，原产地中海沿岸，分布于土耳其至阿富汗。无花果在唐代即从波斯传入中国，现新疆南部栽培最多。果实呈球根状，无花果干无任何化学添加剂，味道浓厚、甘甜。无花果汁、饮料具有独特的清香味，生津止渴，老幼皆宜。无花果含有丰富蛋白质、酶类、维生素和多种微量元素等，尤其是维生素C的含量高达葡萄的20倍。

无花果

西点中常用来制作蛋糕、面包、甜点，如无花果黄油蛋糕、无花果果冻等。

21. 覆盆子

覆盆子，也称悬钩子、覆盆、覆盆莓、树梅、树莓、野莓、木莓、乌藨子。果实是一种聚合果，有红色、金色和黑色三种，在欧美作为水果，在中国大量分布但少为人知，仅在东北地区有少量栽培，市场上比较少见。覆盆子植物可入药，有多种药物价值，其果实有补肾壮阳的作用。以酸甜风味为主，酸味偏重，香气浓郁，用途非常广泛。使用时放入适量柠檬汁，防止变色。

覆盆子

22. 黑醋栗

黑醋栗又名黑加仑、黑豆果，学名黑穗醋栗（*Ribes nigrum* L.），为虎耳草目，茶藨子科小型灌木，其成熟果实为黑色小浆果，内富含维生素C、花青素，可以食用。也可以加工成果汁、果酱等食品。其成熟果实为黑色小浆果。植株喜光、耐寒、耐贫瘠，是天山分布较广的经济林木。黑加仑的野生种分布在欧洲和亚洲。

黑醋栗

味道酸甜细腻，多汁，整体偏酸。风味比较柔和，用途广泛，但不适合制作味道较重的蛋糕。

23. 洋梨

洋梨，又名把（巴）梨、茄梨、葫芦梨，是原产欧洲，山东威海地区乳山阳梨在当地又常以其最初引进地上册村之名冠之，称为"册梨"，久负盛名，是驰名中外的地方土特名产。果实呈短葫芦状，果梗粗短，果皮鲜黄，果肉白色，质地细腻，多汁无渣，甘甜可口，略带微酸，果香浓郁，常温下贮藏7天左右，果实变绵变软，芳香四溢，风味独特，入口而化，为鲜食的最佳期。

洋梨

果肉内有细密的纤维，肉质紧实，入口顺滑清爽，甜度高，香气浓郁。适合与红酒熬煮，搭配蜂蜜与香料。也适合与质地柔软的蛋糕和奶油搭配，也可制作甜点，如洋梨黄油蛋糕、洋梨果冻等。

四、西点制作中常用的坚果

1. 松子

松子是红松、华山松、白皮松等松树的种子，又称海松子、松子红。其外壳坚硬，松仁干香。我国是出口松子仁的主要国家。红松主要产于长白山和大小兴安岭一带，颗粒大、肉饱满、含油量高；华山松是我国特产品种，分布于山西、云南、河南、甘肃等地。

松子营养成分很高，富含蛋白质、脂肪、碳水化合物和矿物质，特别是不饱和脂肪酸含量极高，常食松子，可以强身健体，有润肺止咳、补肾益气、养血润肠等功效，特别是对老年体弱、腰痛、便秘、眩晕，小儿生长发育迟缓有积极作用。

松子仁经油炸或烘烤后，香脆诱人，因此，松子仁在西点中常用来制作蛋糕、面包和派，如松子蛋糕、松子面包、松子派等，其松子油是上等的食用油。

松子

2. 花生

花生，又称落花生、花生果、长寿果等。其形状有长圆、长卵形、短圆形等，去壳后得花生仁，花生仁为其使用部分，又称生仁，外表有一层淡红色仁衣。花生的主要品种有普通型、蜂腰型、多粒型、珍珠豆形等，有"植物肉""素中之荤"之称。原产巴西，约于16世纪传入我国，我国以黄河中下游栽培最多，每年9～10月上市。

现在有一种彩色花生，是普通花生因果仁颜色变异而产生的多种颜色，主要有富硒花生、白玉花生、珍珠花生等。

花生营养丰富，富含蛋白质、脂肪、矿物质及维生素，有扶正补虚、悦脾和胃、润肺化痰、滋养调气、利水消肿、止血补血、健脑增忆等功效。由于其脂肪含量丰富，多用于榨油，且其脂肪酸多为不饱和脂肪酸，是上等的优质油料。

花生仁经油炸或烧烤成熟后，香脆宜人，西点中多用于制作面包，如奶油花生面包，也可制作花生酱，其用途极广。

花生

3. 芝麻

芝麻，又称胡麻，原产我国云贵高原，是我国四大食用油料来源之一，其形状扁圆，有白、黄、黑等颜色，以白色居多。

芝麻营养丰富，特别是脂肪含量高达61%，脂肪中含有大量人体必需的脂肪酸，亚油酸含量高出43.7%。特别是黑色芝

芝麻

麻，对人体有补肝益肾、润燥通便之功效。

芝麻油香气扑鼻，是西点中常用的调料，其芝麻酱、芝麻粉、芝麻糊也是西点中常用的原料，常用来制作蛋糕和面包，如坚果蛋糕、坚果面包等。

4. 核桃

核桃，又称胡桃。其果实椭圆或球形，内果皮坚硬，木质化，有雕纹，其种子称为桃仁。原产伊朗，现我国西北部盛产，每年9～10月上市。核桃可分为绵桃和铁桃两个品种，以绵桃居多，质优，比较有名的品种有绵核桃、石门核桃、薄皮核桃、光皮核桃等。它与扁桃（大杏仁）、腰果、榛子并列为世界四大干果。有"大力士食品""益智果""长寿果"等美称。

核桃

核桃营养丰富，富含糖类、蛋白质、脂肪、矿物质和维生素，具有通润血脉、补气养血、温肺润肠、润燥化痰、益智安神、乌发等功效。

核桃常用于巧克力曲奇、核仁巧克力饼干中。也常用来制作蛋糕、面包和派，如核桃香草小面包、核桃仁面包等。

5. 杏仁

杏仁是普通杏和巴旦杏的核仁，一般可分为苦杏仁和甜杏仁两种，苦杏仁含有苦杏仁苷和苦杏仁酶，苦杏仁苷可被苦杏仁酶水解产生氢氰酸和苯甲醛，有微毒，因此，一般供药用。甜杏仁颗粒比苦杏仁大。主要产于河北、新疆、陕西、内蒙古、甘肃一带，主要品种有白玉扁、龙王帽、九道眉等。

杏仁

杏仁富含蛋白质、脂肪、糖类、维生素及矿物质，具有特殊香味，脂肪含量较高。有止咳平喘、润肺通便、润肤美容的功效。

由于杏仁脂肪含量高且具有特殊香味，因此，制作点心时，可以整颗放入，也可以放入杏仁粒、杏仁片或杏仁粉等。杏仁片主要用于装饰，杏仁粉则主要混入蛋糕或曲奇材料当中一起使用。杏仁粉也是制作马卡龙和费南雪中不可缺少的食材。

美国大杏仁是维生素E最好的食物源之一，也是含维生素最丰富的坚果之一，在西点中的应用也相当广泛。既可以磨成粉溶入蛋糕、饼干中增加风味，又可以切成碎块做装饰及增加香脆的口感。

6. 腰果

腰果，又称鸡腰果、介寿果。由果壳、种皮和种仁三部分组成，去其硬壳后的种子称为腰果仁，呈肾状，色泽玉白，长1.5～2厘米，味清香。腰果原产巴西，我国20世纪30年代引种，主要产于广东、海南等地。与核桃仁、榛子、扁桃仁并列为世界四大干果，为名贵干果。

腰果脂肪丰富，含有丰富的蛋白质、脂肪、糖类和各种维生素，其脂肪含量高达40%，其榨取的油是一种高级食用油，具有润肺、去烦、除痰等功效。

腰果在西点中常用来制作蛋糕和面包，如腰果蛋糕、腰果面包等。

腰果

7．开心果

开心果，又名必思答、绿仁果、无名子等，是一种干果，类似白果，开裂有缝而与白果不同。开心果富含维生素、矿物质和抗氧化元素，具有低脂肪、低卡路里、高纤维的显著特点，是健康的明智选择。

开心果主要产于地中海沿岸各国，我国新疆也有栽培。意大利、法国、希腊、土耳其、叙利亚、伊拉克、阿富汗、伊朗等地也有栽培，开心果适合在这些地区正常生长，且有很好的经济效益，同时可以作为一个优良的水土保持树种。

开心果

开心果在西点运用中用途较广，口感香醇，被誉为"坚果女王"。又因其新鲜、绿色，可以弄碎做顶料，也可以磨成粉与蛋糕面粉混合后使用。主要用于做配料和馅料的原料，也可用于制作面包、蛋糕等，如焦糖坚果布丁蛋糕等。

8．夏威夷果

夏威夷果，也叫澳洲坚果、昆士兰栗、澳洲胡桃、昆士兰果，是一种原产于澳洲的树生坚果。果圆球形，果皮革质，内果皮坚硬，种仁米黄色至浅棕色。适合生长在温和、湿润、风力小的地区。澳洲坚果的经济价值最高，素来享有"干果之王"的誉称。主要分布在澳大利亚东部、新喀里多尼亚、印度尼西亚苏拉威西岛。此外，澳洲坚果还具有很高的营养价值和药用价值。

澳洲坚果果仁香酥滑嫩可口，有独特的奶油香味，是世界上品质较佳的食用坚果，风味和口感都远比腰果好，常用来制作蛋糕和面包。

夏威夷果

9. 榛子

榛子是重要的坚果树种之一，是木本油料树种，为榛科榛属植物，全世界有16种，主要分布在亚洲、欧洲和北美洲。果形似栗，卵圆形，有黄褐色外壳。种仁气香、味甜、具油性，秋季成熟采收。欧美榛子在世界范围内广泛种植，主要有大果榛、尖榛、欧洲榛、美洲榛、土耳其榛等。在我国，榛子的大面积栽培种植比较少，但东北、华北的广大山区，都有野生品种，当地人采集来作为山货出售。在四大坚果中，榛子不仅被人们食用的历史最悠久，营养物质的含量也最高，有着"坚果之王"的称号。

榛子

榛子营养丰富，果仁中除含有蛋白质、脂肪、糖类外，胡萝卜素、维生素B_1、维生素B_2、维生素E含量也很丰富；榛子中人体所需的8种氨基酸样样俱全，其含量远远高过核桃；榛子中各种微量元素如钙、磷、铁含量也高于其他坚果。

榛子在西点运用中用途较广，常用来制作蛋糕、面包和派。

10. 板栗

在所有的坚果中，板栗不仅脂肪和卡路里含量最低，而且它对健康有诸多好处。板栗富含碳水化合物和纤维素，生板栗是维生素C的良好来源，尽管板栗在坚果中的蛋白质含量较低，但是对于无麸质饮食的人来说，食用板栗是非常健康的选择。用板栗制成的面粉可以用于制作蛋糕等甜点，也可以将板栗打成泥状用作甜点装饰。

板栗

五、西点中常用的果制品

（一）蜜饯果脯类

蜜饯果脯是西点常用的原料，把含水分低并不带汁的称为果脯，湿润的称为蜜饯，是以桃、杏、李、枣或冬瓜、生姜等果蔬为原料，用糖或蜂蜜腌制后而加工制成的食品。除了作为小吃或零食直接食用外，蜜饯也可以用来放于蛋糕、饼干等点心上作为点缀。

1. 蜜枣/干枣

用鲜枣制成的果脯，一般称作蜜枣。制蜜枣的原料一般

蜜枣/干枣

选用体大、核小、皮薄、果肉疏松、含水分较少、含糖量较高的品种。

干枣是用鲜枣直接晒干制成的品种，分为大枣和小枣两个部分。

不论蜜枣还是干枣，都是西点中常用的原料，常用来制作蛋糕、面包、酥点、派等，主要用作枣泥馅。

2. 葡萄干

葡萄干是将成熟的鲜葡萄经晾晒后的干制品，有白葡萄干和红葡萄干之分。制作葡萄干应选用皮薄、肉质丰满柔软、含糖高的品种，以新疆吐鲁番的无核葡萄干最为著名。采用的是阴干法，由于不受阳光照射，色泽鲜艳，果粒饱满。

葡萄干在西点运用中应用较广，常用来制作蛋糕、面包、酥点等。

葡萄干

3. 山楂糕

山楂糕是以新鲜的山楂为原料制成的蜜饯。选用优质的新鲜山楂沸水煮熟，按一定比例加入砂糖和微量明矾熬制拌匀后，凉却后即是成品。以块形完整、表面油润、无明显斑点和粗糙感、半透明状、色彩鲜艳、酸甜适度无异味为上品。北京产的山楂糕最为著名。

山楂糕是西点中常用的原料，可用作蛋糕、面包、酥点等的原料。

山楂糕

4. 苹果脯

苹果脯是用新鲜苹果为原料加工制成的果脯。苹果以新鲜饱满、成熟度为九成熟、酸度偏高、褐变不明显的耐煮红玉、国光等品种为好。经去皮、切瓣、去籽、浸泡、抽空、糖煮、糖渍、烘烤、整形、干燥等工序制作而成，以有弹性、不黏糊、金黄色、扁圆形、柔软不烂、味甜不腻为上品。

苹果脯在西点运用中应用较广，可用来制作蛋糕、面包、酥点等。

苹果脯

5. 青红丝

青红丝是用鲜橘子皮经切成丝、浸泡、上色、糖渍、拌粉、日晒后得到的成品。常用来制作蛋糕、面包和酥点等，或

青红丝

用作点缀。

6. 橘饼

橘饼是选用柑橘经洗涤、划缝、硬化处理后，再用糖浸渍，最后拌糖粉制成的。外形呈菊花状，果形完整，组织饱满，半透明，金黄或橙黄色，酸甜适度，有原果浓香。

橘饼常用来制作蛋糕、面包、酥点等。

橘饼

（二）果酱类

果酱也是西点常用的原料，用水果、糖及酸度调节剂混合凝胶物质制成，制作果酱是长时间保存水果的一种方法。主要用来涂抹于面包或吐司上食用。不论是草莓、蓝莓、葡萄、玫瑰等小型果实，或是李、橙、苹果、桃等大型果实切小后，同样可制成果酱，不过调制同一时间通常只使用一种果实。无糖果酱、平价果酱或特别果酱（如榴梿、菠萝），便会使用胶体。果酱常使用的胶体包括：果胶、豆胶及三仙胶。

果酱口感丰富，颜色绚丽多变，口味更加多变，果酱在西点中运用非常广泛，不仅仅可以在慕斯蛋糕制作中使用，在一般烘烤蛋糕中，也可以加入果酱，使其变得更加美味，也是布丁、蛋挞、派等西点品种主要原料。

1. 苹果酱

苹果酱是一种常见的苹果加工方式，其色泽酱红色或琥珀色，具有苹果原有的良好风味，且甜酸适中，深受人们喜爱。苹果酱的制作过程是果胶、糖、有机酸三种成分在一定比例下形成凝胶的过程。

苹果酱除含有大量的果糖、蔗糖以及果胶、水分外，还含有一定数量的果酸、维生素、蛋白质、脂肪和铁、磷、钙等人体不可缺少的营养成分。

苹果酱

2. 草莓酱

草莓酱是由草莓、冰糖、蜂蜜等材料制作而成的一种食品。草莓因营养丰富，含有果糖、蔗糖、柠檬酸、苹果酸、水杨酸、氨基酸以及钙、磷、铁等矿物质，所以有"水果皇后"的美誉。

草莓酱

3. 百香果酱

百香果酱是一款家常甜品，制作原料主要有百香果、细砂糖、麦芽糖、柠檬汁等。

百香果酱

4. 蓝莓果酱

蓝莓果酱就是用蓝莓、水、麦芽糖、细砂糖、柠檬汁等原料做成的果酱，蓝莓酱熬好后，舀一勺放在芝士蛋糕里，酸甜清香。

蓝莓果酱

5. 橙皮果酱

酸橙皮经水煮可去果皮的苦味，制作橙皮果酱时，这一步制作过程不可草率。若以蜂蜜增加甜味，风味更佳。橙皮果酱以酸橙、柚子、柠檬等柑橘类果实为原料，酸甜口味可自由调整。

橙皮果酱

6. 猕猴桃果酱

猕猴桃果酱内不可有块状的果肉。猕猴桃的黑色果籽使口感更加丰富。猕猴桃春夏秋冬不断季，极适合用作果酱的原料。

7. 椰子酱

椰子酱是用椰肉榨取而成的，与椰子油不一样。椰子油是从椰肉中提取，不含有纤维。椰子酱的颜色从米黄色到白色不等，质地相当细滑。用椰子酱来制作面包、蛋糕、饼干等烘焙点心，可以增加点心中的营养和纤维，而且还会有股淡淡的椰子香。

猕猴桃果酱

另外还有橘味果酱、香橙果酱、柠香果酱、杨梅酱、瓜皮酱、胡萝卜杏酱、桑葚果酱、玫瑰洋梨果酱、菠萝果酱、山楂果酱等。

新鲜水果的果酸含量很高，长时间也会对容器造成侵蚀，因此制作果酱时必须使用不锈钢锅或珐琅锅，而保存时则最好使用有盖能密封的玻璃容器，才不容易因为容器受到侵蚀而释放出有害的物质，容器的盖子也必须是耐酸的材质，或是内面作过防侵蚀处理才行。

椰子酱

（三）果粉类

1. 椰蓉

椰蓉是把椰子肉切成丝或磨成粉后，经过特殊的烘干处理后混合制成。椰蓉是椰丝和椰粉的混合物，椰蓉用来做糕点、月饼、面包等的馅料和撒在面包的表面，以增加口味和装饰表面。椰蓉本身是白色的，而市面上常见的椰蓉呈诱人的油光光的金黄色，这是因为在制作过程中添加了黄油、蛋液、白砂糖、蛋黄等。这样的椰蓉虽然口感更好，口味更浓，营养更丰富全面，但是热量较高，不宜一次食用过多。

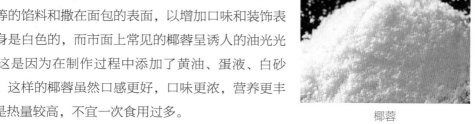
椰蓉

椰蓉主要用来做面包等的馅料和撒在面包的表面，如椰蓉蛋糕、椰蓉面包等。

2. 可可粉

可可粉是从可可树结出的豆荚（果实）里取出的可可豆（种子），经发酵、粉碎、去皮等工序得到的可可豆碎片（通称可可饼），可可饼脱脂粉碎之后的粉状物，即为可可粉。可可粉按其含脂量分为高、中、低脂可可粉；按加工方法不同分为天然粉和碱化粉，其中碱化可可粉又分为轻碱化可可粉和重碱化可可粉；可可粉按颜色分为黑色可可粉、棕色可可粉、红色可可粉；可可粉按产地分为西非可可粉、印尼可可粉等。市场可提供各种规格的可可粉，颜色从浅棕色至深红色。

可可粉

可可粉是西点的常用辅料。可可粉具有浓烈的可可香气，适用于各类的蛋糕、面包、派、甜点等制作，也可作为颜色来使用，或者作为点缀来使用，也可用于高档巧克力、冰淇淋、糖果及其他含可可的食品。

可可粉可与面粉混合制作各种巧克力蛋糕、饼干、面包，与奶油一起调制巧克力奶油膏，用于装饰各种蛋糕和点心，还可直接撒在蛋糕表面做装饰。

附 延伸阅读

1. 可可浆

可可浆又称可可块，是以纯可可豆为原料研磨成平滑的液体状态而产生，液体和块包大约含53%的可可脂。

2．可可脂

可可脂又称为可可白脱，是从可可液块中取出的乳黄色硬性天然植物油脂，是一种非常独特的油脂。可可脂除了具有浓重而优美的独特香味外，在150℃以下，还具有相当坚实和脆裂的特性。可可脂放在嘴里很快融化，并不感到油腻，而且不像其他油脂一样，容易产生酸败。

可可浆

3．类可可脂

类可可脂是采用现代食品加工工艺，对棕榈油、牛油树脂、沙罗脂进行加工，获取与可可脂分子结构类似的油脂。

4．代可可脂

代可可脂是一类能迅速熔化的人造硬脂，其三甘酯的组成与天然可可脂完全不同。

可可脂

第三节　蔬果的品质检验与贮存

一、蔬菜品质检验的基本要求

蔬菜的品质检验主要是通过人的感官检验来完成，通过对蔬菜的外形、色泽、质地、含水量、病虫害等方面的观察来判定蔬菜的新鲜程度。

1．外形

新鲜的蔬菜外形完整，形态饱满，不同的蔬菜其外形不一。如果出现干瘪、发霉、腐烂的现象，其外形也会改变。

2. 色泽

新鲜的蔬菜都有固定的颜色，色泽鲜艳，有光泽。如果出现色泽暗淡、无光泽或变黄、变黑等现象，则表明蔬菜的新鲜度降低，甚至变质。

3. 质地

新鲜的蔬菜质地爽脆、鲜嫩，枝叶挺拔。如果出现枝叶萎蔫、质地老韧、纤维素粗硬，则表明新鲜度降低。

4. 含水量

蔬菜中的水是保持形态饱满、枝叶挺拔、口感脆嫩的主要原因，但含水量过高，也会加快蔬菜的变质。新鲜的蔬菜含水量正常，如果出现萎蔫、干瘪、糠心、重量减轻等现象，则表明新鲜度降低。

5. 病虫害

新鲜的蔬菜无霉烂和虫害，如果出现霉斑或虫蛀现象严重，表明新鲜度降低。但应该注意的是，近年来由于农药使用过多，蔬菜的病虫害大为减少，但农药残留量过大，食用时应该注意。

另外，蔬菜的新鲜度与蔬菜的存放时间也有极大关系，存放的时间越长，蔬菜的新鲜度就下降得越多。

二、蔬菜贮存的基本要求

蔬菜由于受到区域、季节的限制，因此，大量的蔬菜都会遇到贮存的问题。蔬菜在贮存过程中，由于自身的生理性变化，其风味、质地和营养成分也会发生相应的变化。同时，由于环境等因素的存在，蔬菜还会受到微生物侵害而腐败变质。因此，在蔬菜的贮存过程中，一方面，要降低蔬菜自身的生理活动；另一方面，要控制环境因素，减少微生物及虫害的侵袭。

在蔬菜贮存过程中，通常使用以下方法来贮存蔬菜。

1. 低温保藏法

低温保藏法又称冷藏法，是指蔬菜在0～2℃的温度进行保藏。在这个温度下，蔬菜一般处于休眠状态，抑制了蔬菜中酶的活性，降低了蔬菜自身的生理活动。在日常生活中，这种方法应用得比较普遍。

2．速冻保藏法

此法是将蔬菜清理干净后，进行快速冻结的一种方法。由于蔬菜的含水量较大，快速冷冻会使蔬菜中的水分结冰，容易使蔬菜的组织结构受损，解冻后，水分外渗，其形态、色泽等方面也会发生变化，严重的会失去原有的风味。因此，此种方法使用较少。

3．通风保藏法

此种方法是使空气流通，从而带走蔬菜自身因呼吸作用而产生的热量，降低了温度和湿度。但由于空气的流通，蔬菜的水分挥发也较快。

4．埋藏和窖藏法

此种方法主要是指适宜于埋藏或窖藏的根茎菜蔬菜及大白菜等，使蔬菜处于较低的温度和适宜的湿度下进行贮存。

蔬菜在贮存的过程中，注意不要与水产品、肉类及活家禽等存放在一起，以防止交叉污染。贮存时，尽量选用新鲜、完整、无机械损伤的蔬菜。

三、果品品质检验的基本要求

果品的品质检验主要是感官检验。果品的种类复杂，对其品质检验的基本要求也不同。对果品的检验主要是通过果品的形状、大小、色泽、质地、成熟度、香气、水分、重量以及有无损伤和病虫害等方面来判别果品的新鲜度。

1．果品的形状和大小

每种果品都有其固有的形状和大小。一般来说，大小均匀、体形丰满、形状规则的鲜果，品质优良；个小、畸形、不规则的则是因缺水、缺肥、病虫害或其他因素造成的，品质较差。

2．果品的色泽和花纹

新鲜水果在成熟过程中，随着成熟度的增加，色泽也会发生不同的变化，同一果品的不同品种，其色泽也不一样。新鲜水果具有鲜艳的色泽，不新鲜的水果色泽暗淡、无光泽，根据其色泽，可以鉴定同一果品的不同品质。

花纹主要体现在水果的表皮上。新鲜水果，花纹清晰，同一果品的不同品质，花纹也会出现不一样，通过花纹也可以鉴别同一果品的不同品质。

3.成熟度

成熟度是鉴定果品品质的重要指标，它影响到果品的食用价值，对果品的风味及贮存有重大影响。成熟度恰好的果品，风味最佳，食用价值最高；未成熟或过度成熟的果品，在风味、品质上都有欠缺。未成熟的果品，一般质地较硬，涩味重，口味较差，但耐贮存；过度成熟的果品，质地松软、易腐烂，不易贮存。

4.香气

一般果品都有一种正常的水果芳香气味，成熟度恰好的果品，香味浓郁；未成熟的果品，香味较淡。

5.病虫害和损伤

果品在生长及贮存期间，由于管理等因素，容易遭受病虫害的影响，从而加快水果变味、变色、变质，失去其食用价值。

水果在采摘、运输、贮存及销售过程中，可能会受到挤压、摔碰等外界因素影响，从而破坏果品的组织结构，引起品质下降，且易受到微生物污染，加快腐烂变质。

总之，在采购食用果品时，一定要选择果形大小均匀、形状规则、色泽鲜艳、香气浓郁、无损伤和病虫害的果实，以保证其食用品质。

四、果品贮存的基本要求

由于果品的季节性较强，且上市的数量多，因此，果品的贮存是保证果品食用价值的重要因素。科学合理的贮存方法，能延长果品的食用时间，保证果品的食用品质。果品在贮存过程中，由于其生理活动，特别是呼吸作用及酶的催化作用并未停止，因此，其成分及风味也会因贮存的时间发生变化，从而影响果品的营养价值和食用价值。

贮存水果最适宜的方法是低温贮存。水果在低温下能减弱水果的呼吸作用，降低水分的挥发，延缓其成熟速度，抑制微生物的生长繁殖。

低温贮存的具体方法有：冷窖贮存、冰窖贮存、冷库贮存、通风贮存、气调贮存等。在贮存的过程中，要合理码放、按类存放、及时检查。

本章
小结

通过本章的学习，了解蔬果类原料的营养成分及分类的相关知识，通过学习，了解蔬果类原料的品种、化学成分、品质特点，以及常见蔬果类原料的初步加工的方法和蔬果类原料在西点中的具体运用。

思考练习题

① 蔬菜中的营养成分有哪些？

② 什么是果品？果品的分类有哪些？

③ 西点中常用蔬菜和果品的种类有哪些？有哪些具体运用？

④ 蔬菜和果品的品质检验和贮存方法有哪些？

⑤ 常用于制作果酱的水果有哪些？

⑥ 查阅资料，了解世界各地的一些蔬菜和果品品种的特点和应用。

第四章
肉及肉制品

章节
导读

　　肉是指动物经屠宰后去除毛、血、皮、内脏、头、蹄后剩下的胴体。

　　肉类以及肉制品，是人们生活中主要的动物性食物来源，与人民生活息息相关。世界上的动物很多，作为烹饪原料的也很多，但在西点制作中用到的肉类及肉制品远低于谷物类、蔬菜和果品，但对肉类及其制品的认识、选择与加工，确实十分必要。通过本章节的学习，让学生认识常用的畜类、禽类以及水产性动物性原料的种类和肉质特点、组织结构等，并能正确地指导实际运用。

学习
目标

1. 掌握常用肉及肉制品的种类。

2. 掌握常用肉及肉制品的品质特点、产
   地、产季。

3. 掌握常用肉及肉制品的检验和贮存方法。

第一节　新鲜肉类

肉是指动物经屠宰后去除毛、血、皮、内脏、头、蹄后剩下的胴体。

一、肉的组织结构

1．肌肉组织

肌肉组织是构成肉的主要组成部分，在胴体中占50%~60%，肌肉组织是衡量肉的品质的重要因素。优质蛋白质主要存在于肌肉中，肌肉是最有食用价值的部分，也是西点中应用最广泛的原料之一。

2．脂肪组织

它的构造是由退化了的疏松结缔组织和大量脂肪细胞积聚而成，占胴体的20%~40%。脂肪组织由脂肪细胞构成，在细胞之间有网状的结缔组织相连，获得油脂时要通过加热等手段破坏结缔组织才能获得。

脂肪组织一部分蓄积在皮下、肾脏周围和腹腔内，称为储备脂肪；另一部分蓄积在肌肉的内外肌鞘，称为肌间脂肪。如肉的断面呈淡红色并带有淡而白的大理石样花纹，这说明肉肌间脂肪多，肉质柔滑鲜嫩，食用价值高。

3．结缔组织

结缔组织主要是由无定形的基质与纤维构成，占胴体的15%~20%。其纤维是胶原纤维、弹性纤维和网状纤维，都属于不完全蛋白质。结缔组织具有坚硬、难溶和不易消化的特点，营养价值较低。

4．骨骼组织

骨骼是动物机体的支持组织，它包括硬骨和软骨。硬骨又分管状骨和板状骨，管状骨内有骨髓。不同的家畜其骨骼组织所占胴体的比例各不相同，猪占5%~9%，牛占7.1%~32%，羊占8%~17%。

骨骼在胴体中若占比例大，肉的比例就小，含骨骼组织多的肉，质量等级低。骨骼是制汤的重要原料，骨骼中含有一定数量的钙、磷、钠等矿物质以及脂肪、胶原蛋白，所以煮出的汤味鲜，丰富营养，冷却后能凝结成冻。由于骨骼有一定的营养价值，所以用管状骨煮汤时要用刀背敲裂骨骼，使骨髓便于溢出。

二、肉的营养成分

1. 水分

水是肉中含量最多的化学成分，各种肉类的含水量均为48%~75%。肉中的含水量多少随家畜的肥瘦有很大不同，家畜越肥，脂肪越多，水分含量越少；家畜越瘦，则脂肪越少，水分含量越多，年龄越大，含水量也越少。

2. 脂肪

动物的脂肪多积聚在皮下、肠膜、心肾周围结缔组织及肌肉间，其含量因动物种类、育肥等情况不同而有很大差别，不同部位脂肪含量也不相同。畜类脂肪以饱和脂肪酸为主，熔点高。

家畜肉中的脂肪含量与肉的风味有关。脂肪含量少的肉，肉质不仅发硬，风味也差。牛羊肉比猪肉脂肪含量低。羊脂肪中含有一些低级脂肪酸，与膻味有关。

3. 蛋白质

家畜肉含有较丰富的蛋白质，大部分储存在肌肉组织中，其中猪、牛、羊肉中的蛋白质含量高达18%~20%，是完全蛋白质，营养价值高。牛羊肉与猪肉相比，其蛋白质含量前者较后者高。家畜肉中的蛋白质主要是完全蛋白质，结缔组织中的蛋白质主要是不完全蛋白质。肉类原料中含有能溶于水的含氮浸出物，这些物质是肉汤鲜味的主要来源。

4. 碳水化合物

碳水化合物在家畜体内含量很少，它们主要以糖原形式存在，若肉中糖原含量高，会使肉有特殊香味，但放久后糖原酵解产生乳酸会使肉发酸。

5. 矿物质

肉类中的矿物质含量较少，一般只占0.8%~1.2%，主要有钙、磷、硫、钾、钠、铁、锌等，各种肉类的矿物质含量无较大的差异。矿物质主要与肉的水分、畜体部位及生存环境有关。因此瘦肉要比脂肪组织含有更多矿物质，脂肪组织中含量较少。

6. 维生素

肉中还含有少量的维生素，是B族维生素的重要来源。肉类的维生素主要存在于瘦肉中，另外肝脏中还含有较丰富的维生素A及维生素B_2等，这些物质在生物体内具有重要的生理作用。

三、肉的种类及其制品

1. 猪肉

猪是最早的人工饲养的家畜之一，17世纪之后，猪肉陆续成为全世界主要肉品以来，选择猪肉的标准都大致相同，以色泽浅红，肉质结实，纹路清晰为主。在我国，人们的肉类消费量中，以猪肉为最多，约占肉食品消费总量的80%，这与我国的农业、畜牧业的具体情况有关，也与人们千百年来形成的饮食习惯有关。生产猪肉最多的地方是中国，占全世界猪肉肉品46%以上，接下来则是美国，占7%。

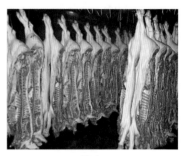

猪肉

而最高级的肉，是瘦肉与脂肪比例恰好，吃起来不涩不油的肉品，其部位约在里脊、大腿和排骨。如果白色脂肪越多，猪肉肉品等级就越低。不过，若为全脂肪的猪肉，也可制成猪油。

猪肉中含有较多的肌间脂肪，因而烹调后的猪肉滋味比其他肉类鲜美。猪肉本身的品质因猪的饲养状况及年龄不同而有所不同。猪肌肉的颜色一般呈淡红色，煮熟后呈灰白色，肌肉纤维细而柔软，结缔组织较少，脂肪含量较其他肉类为多。育龄为1~2年的猪，肉质最好，鲜嫩、味美，肉色为淡红色。饲养不良和育龄较长的猪，肉呈深红色并发暗，质硬而缺乏脂肪。猪肉的品质与猪的品种有很大的关系。

猪肉在西点中的应用主要是作为各种馅料的原料，也是汉堡使用的辅助原料，如猪肉汉堡。

买猪肉时，根据肉的颜色、外观、气味等可以判断出肉的品质是好还是坏。优质的猪肉，脂肪白而硬，且带有香味。肉的外面往往有一层稍带干燥的膜，肉质紧密，富有弹性，手指压后凹陷处立即复原。

次鲜肉肉色较鲜肉暗，缺乏光泽，脂肪呈灰白色；表面带有黏性，稍有酸败霉味；肉质松软，弹性小，轻压后凹处不能及时复原；肉切开后表面潮湿，会渗出混浊的肉汁。变质肉则黏性大，表面比较干燥，颜色为灰褐色；肉质松软无弹性，指压后凹处不能复原，留有明显痕迹。

判断猪肉品质的好坏首先是看颜色。好的猪肉颜色呈淡红或者鲜红，不安全的猪肉颜色往往是深红色或者紫红色。猪脂肪层厚度适宜（一般应占总量的33%左右），且是洁白色，没有黄膘色，在肉尸上盖有检验章的为健康猪肉。此外，还可以通过烧煮的办法鉴别，不好的猪肉放到锅里一烧水分很多，没有猪肉的清香味道，汤里也没有薄薄的脂肪层，再用嘴一咬肉很硬，肌纤维粗。

鲜猪肉皮肤呈乳白色，脂肪洁白且有光泽。肌肉呈均匀红色，表面微干或稍湿，但不黏手，弹性好，指压凹陷立即复原，具有猪肉固有的鲜、香气味。正常冻肉呈坚实感，解冻后肌肉色泽、气味、含水量等均正常无异味。

2．牛肉

牛肉，指从牛身上获得的肉，为常见的肉品之一。来源可以是奶牛、公牛、小母牛。牛的肌肉部分可以切成牛排、牛肉块或牛仔骨，也可以与其他的肉混合做成香肠或血肠。

牛肉

阉牛和小母牛肉质相似，但阉牛的脂肪更少。年纪大的母牛和公牛肉质粗硬，常用来做牛肉末。肉牛一般需要经过育肥，饲以谷物、膳食纤维、蛋白质、维生素和矿物质。

牛肉是世界第三消耗肉品，约占肉制品市场的25%。落后于猪肉（38%）和家禽（30%）。美国、巴西和中国是世界消费牛肉前三的国家。牛肉在我国约占肉食品消费总量的7%左右，现在比重逐年增加。通常食用的牛肉一般多由丧失役用能力的黄牛、水牛或淘汰的乳牛。在南方水牛肉较多，北方黄牛肉较多。也有专门饲养作肉用的水牛和黄牛，称为菜牛。随着我国经济的发展和人民生活水平的提高，专门饲养肉用牛的越来越多，以满足市场供应的需要。牛肉按性别分有母牛肉、公牛肉；按生长期分有犊牛肉、犍牛肉。不同品种以及不同性别和生长期的肉，在品质上有较大的差别，下面分别介绍：

（1）黄牛肉　肉色呈暗红色，肌肉纤维较细，臀部肌肉较厚，肌间脂肪较少，为淡黄色，肉质较好。

（2）水牛肉　肉色呈暗红色，肌肉纤维粗而松弛，有紫色光泽，臀部肌肉不如黄牛肉厚，脂肪为黄色，干燥而少黏性。肉不易煮烂，肉质较差，不如黄牛肉。

（3）犊牛肉　未到成年期的牛，即为犊牛。犊牛的肌肉呈淡玫瑰色，肉细柔松弛，肌肉间含脂肪很少，肉的营养价值及滋味远不如成年的牛。

（4）犍牛肉　肉结实柔细、油润、呈红色，皮下积蓄少量黄色脂肪，肌肉间也夹杂少量脂肪，品质较好。

（5）公牛肉　肉色呈棕红色或暗红色，切面蓝色，有光泽，肌肉粗糙，肌肉间无脂肪夹杂。

（6）母牛肉　肉色呈鲜红色，肌肉较公牛肉柔软。生长期过长的母牛，皮下往往无脂肪，肌肉间夹有少量脂肪。

牛肉在西点中常用于比萨和一些派的馅料的制作，如辣椒牛肉丸比萨、牛肉汉堡等。

3．羊肉

西方同样把羊分为山羊和绵羊，作为烹饪食材还是以绵羊为主。仅绵羊的品种就超过200种，澳洲、新西兰、英国等地都是绵羊大国，当然也有按照其特性分毛用羊、肉用羊、毛肉

羊肉

兼用羊、奶羊等，不同类型的羊都有其各自的特色。西方传统，人们会在春天品尝小羊肉，取其香嫩。特别是以前一年冬天出生的小羊为嫩，这种只有几个月大的小羊又被称为春羊，过了复活节，春羊就会变成羔羊。一般来说羔羊的肉质也尚算柔嫩，并带有少许膻味，脂肪均匀，性价比高。但如果年龄超过12个月的话，小羊就开始成为肉味浓郁的龄羊，再过一年便会成为肉质比较粗糙的成年羊。

羊肉在我国约占肉食品消费总量4%左右。在内蒙古、青海、新疆、甘肃等西北地区及西藏等地，羊的饲养是重要的畜牧生产活动，经济价值很高。羊肉又是食物的重要来源，蒙古族、回族、藏族的食物构成中，羊肉是主要的动物性食品。可供肉用的主要有绵羊、山羊。

（1）绵羊肉　绵羊在我国分布很广，肉体丰满，肉质较山羊为好，是上等的肉用羊。绵羊肉质坚实，颜色暗红，肉纤维细而软，肌肉间很少夹杂脂肪，经过育肥的绵羊，肌肉中夹有脂肪，呈纯白色。

（2）山羊肉　山羊的主要产区在东北、华北和四川，主要以肉用为主，体型比绵羊小，皮质厚，肉的色泽较绵羊浅，呈较淡的暗红色。皮下脂肪稀少，但在腹部积贮较多的脂肪，并且肌肉与脂肪中有膻味，肉质不如绵羊。

羊肉在西点中常用于比萨。

鸡肉

4. 鸡肉

鸡是我国三大家禽中最主要的家禽。鸡在中国被驯养已有六七千年的历史了，经过人类千百年来根据不同需要而特意进行的繁育，如今家鸡在全世界已演化成五花八门的品类。其种类大致可分为170余种，饲养较多的有70余种。

鸡的品种繁多，从原料取材上可分为普通鸡和肉用鸡两大类。

（1）普通鸡　大致可分为小雏鸡、雏鸡、成年鸡、老鸡等。

①小雏鸡：一般生长期为2个月左右，重量在250克左右，其肉质最嫩，但出肉少。

②雏鸡：一般生长期不足1年，体重在500克左右，雌鸡未生蛋，雄鸡未打鸣者，其肉细嫩。

③成年鸡：一般为生长期1~2年的鸡，肉质较嫩，可供剔肉。

④老鸡：一般指生长期在2年以上的鸡，肉质较老，最宜制汤，特别是老母鸡是制汤的最佳原料。

（2）肉用鸡　是专门选择的肉用鸡种，饲料要求蛋白质的比重大，在饲养管理上要求有严格的防疫制度和人工气候，适宜机械化大量饲养，一般饲养50~56天，体重可达1.5千克以上。肉用鸡饲养时间短，生长快，肉多而嫩，脂肪含量高但味道不如普通鸡。目前西点原料里应用较多的为肉食鸡。

火鸡亦称吐绶鸡，原产于美国和墨西哥，栖息于温带和亚热带森林中，野生火鸡喜栖息于水边林地。火鸡肉鲜嫩爽口，野味极浓，瘦肉率高，蛋白质含量丰富，胆固醇低、脂肪少。蛋白质含量高达30.5%，而且富含多种氨基酸，特别是蛋氨酸和赖氨酸都高于其他肉禽，维生素E和B族维生素含量也丰富，具有提高人体免疫力和抗衰老等神奇功效。

在西点中常用于比萨和一些派的馅料的制作，如鸡丝芙蓉比萨等；也是汉堡使用的辅助原料，如鸡肉汉堡、鸡腿汉堡、火鸡三明治等。

5. 鱼虾蟹肉

鱼类的品种极多，可分海洋鱼类和淡水鱼类，在西点中鱼肉的用量不多，主要采用鱼肉较厚的鱼类作为西点的原料，如石斑鱼、金枪鱼、三文鱼、对虾、龙虾、基围虾、河蟹、梭子蟹等。具有肉味鲜、质细嫩的特点，是西点中的名贵原料。是西点中馅料的重要原料，可与其他的原料一起制成馅料，也可单独使用，如制作河虾仁比萨等。

三文鱼

第二节　肉制品

肉制品，是指用动物肉为主要原料，经添加调味料的所有肉的制品，不因加工工艺不同而异，均称为肉制品，包括：香肠、火腿、培根、肉干、肉脯等。

肉松

1. 肉松

肉松是将肉煮烂，再经焙制、揉搓而成的一种营养丰富、易消化、食用方便、易于贮藏的脱水制品。除用猪肉外，还可用牛肉、鸡肉、兔肉、鱼肉生产各种肉松。肉松是我国著名的特产，按形状分为绒状肉松和粉状（球状）肉松。猪肉松是大众最喜爱的一类产品。常用于蛋糕、面包、比萨和一些派的制作，如肉松面包、肉松蛋糕等。

2. 火腿

火腿，是腌制或熏制的动物的腿（如牛腿、羊腿、猪腿、鸡腿），是经过盐渍、烟熏、发酵和干燥处理的腌制动物后

火腿

腿，一般用猪后腿或是以猪、牛肉的肉泥，添加淀粉与食品添加剂，压制成的"三明治火腿"，又名"火肉""兰熏"，是中国传统特色美食。原产于浙江金华，现代以浙江金华、江苏如皋、江西安福与云南宣威出产的火腿最有名。

其中金华火腿又称火膧，是浙江金华地方传统名产之一。金华火腿具有俏丽的外形，鲜艳的肉，独特的芳香，悦人的风味，以色、香、味、形"四绝"而著称于世。清代时由浙江省内阁学士谢墉引入北京，已被列为贡品，谢墉的《食味杂咏》中提到，金华人家多种田、酿酒、育豕。每饭熟，必先漉汁和糟饲猪，猪食糟肥美。造火腿者需猪多，可得善价。故养猪人家更多。金华火腿是中国腌腊肉制品中的精华。金华出产的"两头乌"猪，后腿肥大、肉嫩，经过上盐、整形、翻腿、洗晒、风干等程序，数月乃成。香味浓烈，便于贮存和携带，已畅销国内外。

欧洲的火腿因为只是拿盐水浸泡过，所以它是可以直接使用的。在欧洲很多地区，人们都是直接食用这种火腿的，因为它的口感并不咸，而且肉质比较松软，有时候人们还会把它切成片状，夹在面包里与面包果酱一起食用。这种看起来很简单的吃法，在欧洲很多地区还是一道非常有名的小吃。也常用于制作比萨，如黑椒火腿比萨、奶酪火腿三明治等。

3. 西式火腿

西式火腿又称为盐水火腿、蒸煮火腿，是欧洲各国的主要肉制品之一，有无骨火腿和有骨火腿两类。

无骨火腿是把猪后腿修整成纯瘦肉，切成片状或块状，然后将用盐、味精、硝和其他辅料配成的料液注射入肉块中，接着在滚揉机中滚揉1小时左右，加入由淀粉和盐水配成的糊料再次滚揉约0.5小时，使肉块相互粘连，然后放入衬有塑料袋的长方形铝模中，密封后在水中煮熟，取出冷却后再装入塑料袋

西式火腿

或听中冷藏。成品呈长方形，称为"方火腿"，每只约3千克，无皮，肉色淡红，质地紧密，弹性良好，口味鲜美，水分适中。若铝模为圆形，制作出的无骨火腿称为"圆火腿"；若水煮后经过熏制，称为"熏火腿"；若不用铝模，而是用纱绳捆扎成形，称为"扎肉"。

有骨火腿的外形类似我国传统火腿，用整只带骨的猪后腿制作。但加工方法复杂，加工时间长。先将整只后腿肉用盐、胡椒粉、硝酸盐等擦干其表面，然后浸入加有香料的咸水卤中腌渍数日，取出后风干、烟熏，再悬挂一段时间，使其自然发酵成熟，从而形成良好的风味。名品有苹果火腿、法国烟熏火腿、苏格兰整只火腿、德国陈制火腿、意大利火腿等。

西式火腿在西点中的应用非常广泛，常用于比萨和一些派的制作，如黑椒火腿比萨、火腿面包等。

4. 香肠

香肠在我国又称为腊肠，是我国的传统灌肠制品。世界许多国家都有香肠，一般以肉类为

原料，切成丁、片、条等后加入酱油、黄酒、白糖及香辛料制成馅，灌入肠衣，然后扎绳分段，经烘干或晾挂、烟熏而成。我国按产地分，名品有广东香肠、四川香肠、上海香肠等；按加工方法的不同，可分为生香肠、盐熏香肠、煮熟香肠、盐熏熟香肠、半干燥香肠和干燥香肠六大类；按灌入的肉料不同，分为猪肉香肠、鱼肉香肠、火腿香肠等。

香肠的品质特点为香味浓郁、色泽鲜艳、肉质紧实。可作为西点的馅料或辅料，如香肠蔬菜三明治。

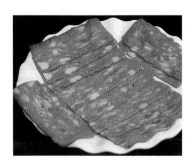

香肠

5．培根

培根是由英语"Bacon"音译而来，其原意是烟熏肋条肉（即方肉）或烟熏咸背脊肉。培根是西式肉制品三大主要品种（火腿、香肠）之一，其风味除带有适口的咸味之外，还具有浓郁的烟熏香味。培根外皮油润，呈金黄色，皮质坚硬，用手指弹击有轻度的"卟卟"声；瘦肉呈深棕色，质地干硬，切开后肉色鲜艳。常用于比萨和一些派的制作，如培根洋葱比萨等。

培根

培根又名烟肉，是将猪肉经腌熏等加工的猪胸肉，或其他部位的肉熏制而成。烟肉一般被认为是早餐的头盘，将之切成薄片，放在锅子里烤或用油煎。烟肉味道极好，常用于烹调，烟肉被视为肥胖的主要来源，但因为美国推出了低碳水化合物减肥法，烟肉致肥的观点渐渐改变。

最常见的烟肉是腌熏猪肋条肉以及咸肉火腿薄片。传统上，猪皮也可制成烟肉，不过无外皮的烟肉可作为一个更加健康的选择。

第三节　肉及其制品的品质检验和贮存

一、动物肉及其制品的品质检验

（一）动物肉的品质检验

1．外观和颜色

新鲜肉表面有一层微干爽表皮，色泽光润，肉的断面呈淡红色，稍湿润，但不黏，肉液体透明。不新鲜肉表面覆盖有一层风干的暗灰色的表皮，或者表面潮湿，肉液混浊，并有黏液，肉色较暗，有时还有发霉现象。腐败肉表面有的干燥，并已变成黑色或者很潮湿，带淡绿色，也很黏，有发霉现象，切断面呈暗灰色，新切面很黏，呈绿色。

2. 气味

新鲜肉具有肉的特有气味，刚宰杀后不久的内脏气味，冷却后变为稍带腥味，不新鲜的肉具有酸气和霉臭气，有时在肉的表层有腐败味，肉的深层即使尚未腐败，也能闻到浓厚的腐败臭气。

3. 质地

新鲜肉切断面肉质紧密，富有弹性，指压后的凹陷能立即恢复，不新鲜肉的断面肉比新鲜肉柔软，弹性小，指压后的凹陷恢复慢，且不能完全恢复。腐败肉质软而无弹性，指压后凹陷不能复原，肉质严重腐败时能用手指将肉戳穿。

4. 脂肪和骨髓状况

新鲜肉煮沸后肉汤透明，脂肪聚于表面，具有香味；骨腔内充满骨髓，呈长条状，稍有弹性，较硬，色黄，在骨头折断处可见骨髓的光泽。不新鲜肉煮沸后肉汤浑浊，脂肪呈小滴浮于表面，无鲜味，往往有不正常的气味；骨髓与骨腔间有小的空隙，较软，颜色较暗，呈灰色或白色，在骨头折断处无光泽。腐败肉煮沸后肉汤污秽带有絮片，有霉变腐臭味，表面几乎不见油滴；骨髓与骨腔有较大的空隙，骨髓变形软烂，有的被细菌破坏，有黏液且色暗，并有腥臭味。

（二）动物肉制品的品质检验

肉制品的品质检验的基本标准如下。

1. 干爽、不霉烂

干爽、不霉烂是衡量肉制品原料品质的首要标准。原料加工后，一方面风味和质地发生变化，另一方面又使原来的细密组织变得多孔，空气湿度过大，便会吸湿变潮，发生霉烂变质。

2. 整齐、均匀、完整

整齐、均匀、完整也是衡量肉制品品质的一个重要标准。肉制品原料由于鲜活原料加工方法等情况的不同，在其外观上会产生较大的差别。干货制品越整齐、越均匀、越完整，其品质就越好。

3．无虫蛀杂质，保持规定的色泽

肉制品原料在保管中，会由于条件不好而发生虫蛀、鼠咬等现象。另外每一种肉制品都有其一定的色泽，一旦色泽改变，也说明品质发生变化，都会影响到肉制品类原料的品质。因此，肉制品原料干燥、不变色，无虫蛀、无杂质，保持正常颜色，其品质就好。

二、动物肉及其制品的贮存

1．家畜肉的贮存

家畜宰杀后，就要进入贮存过程。在这一过程中，引起畜肉腐败的主要原因是各种微生物的侵害。故贮存肉类的主要方法，在于控制有害微生物的活动和繁殖。

低温保藏是贮存肉类的最好方法。因为低温能冻结肉中的水分，控制微生物的繁殖生长，甚至使其死亡。但是，应当注意，低温只能延缓微生物的繁殖，杀死部分耐寒性较差的细菌，不能彻底杀灭各种微生物。对耐寒力强的微生物，只能延长其潜伏期，一旦超出潜伏期，还会继续活动。在-6℃时可使微生物的潜伏期延长到90天左右。因此，只有在-20℃以下，才能使肉在较长时间内不受微生物的侵害。

（1）新鲜猪肉的贮存　夏季购进的新鲜猪肉，首先要用冷水冲洗，把皮上的黏液去掉，然后吊挂在木杆上通风散热（时间不宜过长，以2~3小时为宜）。猪肉吹干后，即可装进冰箱或冰库，但要注意不可直接接触冷水，否则会把猪肉泡白，影响肉质。如冷冻条件不具备，或冷冻机、冰箱失效，要及时取出，改用其他方法。或用盐腌制，或高温煮熟。冬季购进后，贮存时只要刷洗去污，用湿布盖上，防止风吹而使肌肉干硬即可。

（2）新鲜牛肉的贮存　牛肉变质是从表面发生，再向内部扩展，所以容易发现处理。夏天购进后，应立即放入冷库冷藏。如2~3天内不使用，第二天还须盖布，使牛肉不沾水。牛肉冷藏时间不宜过长，且冷藏须保持在0℃以下。

（3）新鲜羊肉的贮存　与牛肉基本相同，但羊肉比牛肉更难贮存，因为羊肉是从内部先变质，再向外扩展，不易察觉。羊肉在冷藏之前，必须把外表水分晾干，才能不致变质。

2．家禽肉的贮存

宰杀后的成批家禽一般应置于-30~-20℃，相对湿度85%~90%的条件下冷冻24~48小时，然后在-20~-15℃，相对湿度90%的环境下冷藏比较适宜。一些资料表明：在-4℃时，禽肉可以保存35天，在-12℃时可保存200天左右，在-14℃时可保存一年以上。

饮食店宰杀的家禽一般数量不多，通常放在冰箱或冰库里，在-4℃的低温中可保藏，但应在禽体冷却后，去尽内脏放入冷藏，并需把禽肉放在架子上或挂起来，不可层层叠叠，存放时间也不宜太长，否则易变质。如果是采购回来的冻禽，到店后应立即冷藏。一般冻禽在解冻后烹调易软烂，这是因为冰冻过程中，肌肉细胞受到损伤所致。因此，解冻后的家禽肉，应立即使用，否则更容易变质，也不能再入冷库保藏，不然品质下降，营养损失更严重，风味更差。

3．水产品的贮存

水产品的保管有以下两种方法：

（1）活养 主要用于用鳃呼吸的活鱼类，分清水活养和无水活养。清水活养的水温一般在4～6℃，以自然河水为宜，并需适时换水，防止异物杂质入水，以减少死亡，保持鲜活。以清水活养的鱼类即能充分保持其鲜活度，又能促使某些鱼类吐去肠中污物，可以减轻肉中土腥味；无水活养主要适用于用呼吸道呼吸的螃蟹等水产品，无水活养螃蟹必须排紧、固定，控制爬动，防止互相弄伤，要通风透气，防止闷死。

（2）冷藏 鱼类的冷藏是将已经死亡的各种鱼类用冷藏的方法贮存，温度一般控制在-4℃以下，便能保管数天，如果数量太多，需保管较长时间，温度则宜控制在-20～-15℃为宜。凡冷藏的鱼，应去净内脏，再入冰箱或冰库，存放时不宜堆叠过多。冷气进不了鱼体内部，就会引起外冻而内变质的现象，若冷藏的鱼需使用，也应采取自然解冻的方法。冷藏后的鱼，解冻后不宜再进行冷冻，否则，鱼肉组织便会遭到更多的破坏，失去内部水分，导致肉质松散，降低鱼鲜度和营养价值。

虾类短时间冷藏一般散放容器中，不要太多，置于-4℃以下的冰箱中即可，如无冰箱，将虾放于冰块中，撒入少量食盐，用麻袋或草包封口，也能保管数天。如数量多，保管时间长，就必须排放整齐，置于盛器中并放适量水一起冰冻。

肉制品不同于新鲜原料，其含水量较低，如果保管不当，也会使其受潮、发霉、变色，影响或失去食用价值。

为了确保干货制品的品质，应达到如下贮存要求：

（1）储存环境应通风、透气、干燥、凉爽，还要避免阳光长时间的照晒。低温通风、透气能避免其生虫，低温干燥能防止其受潮发霉、腐败。

（2）有一些气味较重的肉制品原料，应分开保存，否则会相互混合串味，影响食用。合理的储存方法应将各种肉制品分别进行贮存，既符合卫生要求，又保证肉制品品质。

（3）要有良好的包装和防腐、防虫设施。

（4）勤于检查，一旦发现有变质的肉制品，应及时清除，防止相互传染，造成不必要的损失。在连续阴雨或库房湿度增大的情况下，应经常将其放置阳光下曝晒，以保持其干燥，防止变质。

本章小结　　通过对本章的学习，能够了解动物性原料的化学成分、组织特点，掌握肉及肉制品的基本知识，掌握西点制作中常用到的肉类和肉制品，并掌握对其品质标准进行鉴别分析和保管的方法。

思考练习题

1. 肉的组织结构有哪些？各有什么特点？
2. 简述肉的营养成分。
3. 简述肉及肉制品在西点中的运用。
4. 家畜禽肉的品质检验有哪些方面？
5. 西点中常用的肉制品有哪些？
6. 中式火腿和西式火腿有什么区别？
7. 中国的咸肉和腊肉以及培根有什么区别？
8. 查阅资料，了解世界各地人们对肉类及其肉制品的消费情况。特别是一些特色西点制作中用到哪些肉类。

第五章

西点中的蛋、乳及其制品

章节导读

　　蛋、乳及其制品是西点常用的原料，也是人们生活中常食用的食物来源，本章重点讲解西点制作中常用的蛋、乳及其制品的种类，认识常用的蛋、乳及其制品特点，在西点制作中的作用，并能正确地在工作中运用。同时，掌握蛋、乳及其制品在日程生活中的品质检验和保管方法。

学习目标

1. 掌握蛋、乳及其制品的种类、作用。

2. 掌握各种蛋、乳及其制品品质特点、运用。

3. 掌握蛋、乳及其制品的品质检验和保管方法。

第一节　蛋与蛋制品

禽蛋是指雌禽为了繁衍后代排出体外的卵，包括鸡蛋、鸭蛋、鹅蛋、鸽蛋、鹌鹑蛋等。这些蛋的结构基本相似，化学组成大同小异。鸡蛋是西点制作中常用的原料，西点中的使用率非常高，做饼干、蛋糕、慕斯、面包都会不同程度地用到蛋黄、蛋清或者是全蛋，但要科学合理地运用。鸭蛋、鹅蛋因含有异味，在糕点制作中很少使用。

一、蛋的结构

蛋是由蛋壳、蛋清和蛋黄三部分组成，蛋壳约占蛋的重量的11%，蛋清约占58%，蛋黄约占31%。

①蛋壳由外向里由外蛋壳膜、石灰质蛋壳、内蛋壳膜和蛋白膜组成。

②蛋清又称蛋白，位于蛋壳与蛋黄之间，是一种无色、透明、黏稠的半流动胶体物质，在蛋清的两端分别有一条粗浓的带状物，称为"系带"，起牵拉固定蛋黄的作用。

③蛋黄通常位于蛋的中心，呈球形。其外周由一层结构致密的蛋黄膜包裹，以保护蛋黄液不向蛋清中扩散。新鲜蛋的蛋黄膜具有弹性，随着时间的延长，这种弹性逐渐消失，最后形成散黄。因此，蛋黄膜弹性的变化，与蛋的新鲜程度有密切的关系。

二、蛋的营养成分

蛋类的营养成分相当丰富，它包含了一个生命形成所需的所有营养物质，且易被人体消化吸收。

蛋由蛋壳、蛋清和蛋黄三部分构成。蛋清和蛋黄在成分上有显著的不同，蛋黄内营养成分的含量和种类比蛋清多，所以蛋黄的营养价值高。

1．蛋白质

蛋中营养成分含量最高的是蛋白质，占蛋（蛋壳部分除外）重量的12%～13%，其中最主要的是蛋清中卵蛋白和蛋黄中的卵黄磷蛋白。蛋类蛋白质中含有多种人体必需的氨基酸，是完全蛋白质，吸收率可高达98%。

2．脂肪

蛋中的脂肪绝大部分集中在蛋黄内，含有大量的磷脂，其中约有一半是卵磷脂，这些成分对人体的脑及神经组织的发育有重大作用。蛋黄的脂肪主要由不饱和脂肪酸所构成，在常温下为液体，易于消化吸收，消化率为95%。

3．矿物质

蛋中约含1%的矿物质，所含钾、钠、硫、氯等较多，铝、磷较少，而蛋黄中含磷较多。蛋类中的矿物质主要含于蛋黄内，铁、磷、钙的含量甚高，也易被人体吸收利用。

4．维生素

蛋黄中有丰富的维生素A、维生素D、维生素E、核黄素、硫胺素等，绝大部分在蛋黄内。蛋清中的维生素和烟酸较多，其他较少。

5．糖类

蛋中糖的含量很少，有葡萄糖、甘露糖和半乳糖等，呈两种状态存在：一种是游离状态存在，其量很少；另一种与蛋白质结合，呈结合状态存在，一般含量为2%～4%。

6．水分

蛋类的含水量可达70%，但分布不均匀，蛋清的含水量较高，可占整个蛋清的88%以上，在蛋黄中则占53%左右。

三、蛋的理化性质

（1）蛋清具有起泡性　利用蛋清的起泡性，可将蛋清抽打成蛋泡，用于制作雪山等造型菜肴或与淀粉混合制蛋泡糊，以及制作西式蛋糕等。

（2）蛋黄具有乳化性　蛋黄中含有的卵磷脂，具有亲油和亲水的双重性质，是非常有效的乳化剂。利用蛋黄的乳化作用，可以制作沙拉酱（蛋黄酱）、糕点等。

（3）蛋具有热凝固性　蛋品中含有丰富的蛋白质，受热后会出现凝固变性现象，蛋清在50℃左右开始混浊，70℃以上失去起泡性凝固成块，蛋黄则在65℃开始变黏，70℃以上失去流动性并凝结，利用蛋清、蛋黄的热凝固性，产品成熟时不会分离，保持产品形态完整。

四、常见的蛋及蛋制品

蛋品是生产西点的重要原料，常见的蛋品主要包括鲜鸡蛋、冰蛋和蛋粉。在西点制作中运用最多的是鲜鸡蛋。

1．鲜鸡蛋

鲜鸡蛋是饭店、宾馆、饼屋等小型西式糕点生产所需的主要蛋品，能用于各类西点的制作，是西点重要原料之一。

2．冰蛋

冰蛋又称冻蛋，多用于大型西点生产企业。冰蛋多采用速冻方式制取，速冻温度在−20℃以下。使用冰蛋时，只要将盛装冰蛋的容器放在冷水中即可使用。由于速冻温度低，冻结得快，蛋液中的胶体特性很少受到破坏，保留了鸡蛋的工艺特性。但速冻后的蛋液再重冻或冰蛋的储存时间过长将会影响制品的品质。

3．蛋粉

蛋粉为脱水粉状固体，有蛋白粉、蛋黄粉和全蛋粉三种。蛋粉比鲜蛋有较长的储存期，多用于大型生产或特殊制品。蛋粉的起泡性不如新鲜蛋，不宜用来制作海绵蛋糕。

五、鸡蛋在西点中的作用

1．提高营养价值

鸡蛋中含有丰富的蛋白质、脂肪，且氨基酸比例接近人体模式，消化利用率高；含有较多的卵磷脂，丰富的矿物质和维生素，是人体不可缺少的营养物质。

2．改善产品的外观和风味

参与美拉德反应，有助于产品上色。在面包制品表面涂上蛋液，经烘焙后使之更加有光泽，并具有特殊的蛋香味。

3．改善点心色泽

有鸡蛋的产品，颜色会偏黄一些，除此之外，也可以在产品表面刷蛋液来实现这一点。面包入炉前在表面涂抹蛋液，不仅能改善制品表皮的色泽，产生光亮的金黄色或黄褐色，而且能防止点心、面包内部水分的蒸发，保持制品的柔软性。

4．改善产品内部组织状态

蛋清的起泡性，可增加产品的体积，有利于点心内部形成蜂窝结构，提高疏松性。蛋清在打蛋机的高速搅拌下，能搅入大量空气，形成泡沫；面团或面糊大量充气后，形成海绵结构，烘烤时泡沫内的空气受热膨胀，使产品体积增大，结构疏松而柔软。

5．有助于产品骨骼形成

鸡蛋在烘烤时，温度达到一定程度，鸡蛋烤熟，凝固在一起，和其他的原料，比如粉类，一起形成了产品的骨骼。

6．增加湿度

鸡蛋里的含水量在70%左右，加在烘焙产品中，能够很好地保持水分的含量，又不会破坏配方的干湿平衡，保持产品的湿度。

六、鸡蛋的品质检验和贮存

（1）蛋壳　新鲜蛋的壳纹路清晰，手摸发涩，表面洁净而且有天然光泽，反之是陈蛋。

（2）重量　外形大小相同的蛋，重的是新鲜蛋，轻的为陈蛋。

（3）内溶物　新鲜鸡蛋打破倒出，内溶物黄、白系带完整地各居其位，且蛋清浓厚、无色透明。

（4）气味和滋味　新鲜的鸡蛋打开后无异味，煮熟后蛋清无味、色洁白，蛋黄味淡而香。

新鲜的鸡蛋一般采用冷藏法存储，温度不低于0℃，相对湿度为85%。此外，贮存前不要清洗，以免破坏蛋壳膜，引起微生物侵入。

贮存时不要与有异味的食品放在一起。且无论采用哪种方法，贮存时间都不宜过长。

七、蛋类使用注意事项

①有时候会在制作面包的面团里添加鸡蛋，如果发酵的时间过长了，面团会由于蛋白质的变性而产生异臭，因此要掌握好发酵的时间。

②制作前要把蛋糊搅拌均匀，否则在与面粉混合时候会使得部分蛋黄凝结于面粉中，从而形成了筋性面团，不利于成品的口感。

③由于鸡蛋本身含有水分，所以制作时用水量要适量减少，水的减少量约为鸡蛋分量的60%～70%。

④加入了鸡蛋的制品在烘烤时是很容易上色，所以在烘烤时要注意观察，如发现上色过度可以调低烘烤温度或者在制品上面盖一张锡纸。

⑤添加了鸡蛋的作品，烘烤后的体积会变得比正常的要大一些，所以要选用适当模具并控制发酵的时间。

⑥选择新鲜的鸡蛋，如果鸡蛋不新鲜，蛋黄与蛋清就很容易散，做出来的成品口感也会受影响，所以要选择新鲜的鸡蛋来制作。

第二节　乳与乳制品

乳是哺乳动物从乳腺中分泌的一种白色或稍带黄色的不透明液体。营养价值高，西点制作中用量较大，主要使用的是牛乳。

牛乳又称牛奶，一种白色或稍带黄色的不透明液体，具有特殊的香味。易被人体消化吸收，有很高的营养价值，是西式糕点常用的原料。

牛乳是西点制作中用到最多的液体原料，它常用来代水，以增添西点成品的奶香。各地牛乳品类众多，直接挤出的原乳，必须经过热加工或杀菌、灭菌等处理才能出售。

一、乳的化学成分

1．蛋白质

牛乳中蛋白质的含量为3.4%左右。含有三种主要的蛋白质，其中酪蛋白的含量最多，约占总蛋白量的83%左右；乳白蛋白占总蛋白的13%左右；乳球蛋白约占总蛋白的4%左右，它们均含有人体所需的全部氨基酸。

2．脂肪

牛乳中的脂肪以球状基乳浊液分散在乳中，一般在3%～5%，肉眼不能看见。乳脂的组成以甘油三酯为主，约99%，同时含一定量的磷脂，约1%。脂肪酸主要是低熔点的油酸，此外还含有亚油酸等必需脂肪酸和低碳脂肪酸。乳脂肪不仅与牛乳的口味有关，同时也是稀牛乳、奶油、全脂奶粉及干酪的主要成分。

3．碳水化合物

乳糖是乳中最主要的碳水化合物，是哺乳动物乳腺特有的产物，在动物的其他器官和组织中不存在。乳糖是一种双糖，甜度约是蔗糖的1/5，约占牛乳的4.5%，占干物质的38%左右，水解时生成葡萄糖和半乳糖。

4．矿物质

牛乳中的矿物质含量为0.7%左右，有磷、钙、镁、氯、钠、铁、硫等。牛乳中的无机盐大部分与有机酸结合，以可溶性盐类形式存在。其中，最主要的以无机磷酸盐及有机柠檬酸盐的状态存在。钙、镁、磷除了一部分呈游离状态外，一部分则以悬浊状分散在乳中，此外，还有一部分与蛋白质结合。

5．维生素

牛乳中含有人体营养所必需的各种维生素。维生素含量因饲养条件、季节等而有差异，在青饲料多的季节，乳中维生素A和维生素C含量高，在夏季日光照射得多，维生素D的含量较高。一般每升牛乳中维生素A含量为0.4～4.5毫克；维生素D含量为0.1～2.5毫克；维生素E含量为2～3毫克；维生素B_1约每升0.3毫克；维生素B_2一般每升含量为1～2毫克；维生素C为每升1～4毫克。

6．水

牛乳中主要组成部分是水分，约占80%以上，水分内溶物有机物、无机盐、气体等。

二、牛乳在西点制作中的作用

牛乳是西点中用到最多的液体原料，它常用来取代水，既具有营养价值又可以提高蛋糕或西点品质，其功用有：

①增加产品的营养价值，特别是富含钙质、维生素和乳酸等。

②改良产品的风味，使口感更好。

③起乳化作用，使产品更松软可口。

④增加面团或面糊的吸水量，可以调整面糊浓度。

⑤增加风味。

⑥改善焙烤产品的颜色。

⑦改进面包的保湿性，降低水分的蒸发。

⑧增加面团的搅拌弹性。

⑨延长面团发酵弹性，缓解发酵酸度的增加等。

三、乳制品

以生鲜牛（羊）乳及其制品为主要原料，经加工制成的产品。主要有：液体乳类，包括杀菌乳、灭菌乳、酸牛乳、配方乳等；奶粉类，包括全脂奶粉、脱脂奶粉、全脂加糖奶粉和调味奶粉、婴幼儿配方奶粉、其他配方奶粉等；炼乳类，包括全脂淡炼乳、全脂加糖炼乳、调味/调制炼乳、配方炼乳等；乳脂肪类，包括稀奶油、奶油、无水奶油等；干酪类，包括原干酪、再制干酪；其他乳制品类，包括干酪素、乳糖、乳清粉等。

（一）乳制品在西点中的作用

①提高面团的吸水力。

②提高面团筋力和搅拌能力。

③改善面团的物理性质。

④提高面团的发酵能力。

⑤改善制品的组织。

⑥延缓制品的老化。

⑦乳制品是良好的着色剂。

⑧赋予制品浓郁的奶香风味。

⑨提高制品的营养价值。

（二）西点制作中常用的乳制品

1. 奶粉

奶粉是以牛的乳汁为原料，经过消毒、脱脂、脱水、干燥等工艺制成的粉末。奶粉是良好的食品，营养丰富，营养成分接近于鲜牛乳，便于消化吸收。西点制作中主要用于面包、吐司、蛋糕、布丁、巧克力、饼干、车轮饼等制作。山羊等其他动物的乳汁生产的产品，也称奶粉，使用量较少。奶粉冲调容易，携带方便，营养丰富。

奶粉

常见的奶粉有如下几种：

（1）全脂奶粉　为新鲜乳水脱水后的产物，含脂肪26%～28%。它基本保持了牛乳的营养成分，适用于全体消费者。但最适合中青年消费者。

（2）脱脂奶粉　牛乳脱脂后加工而成，口味较淡，在烘焙产品制作中最常用。可取代乳水，使用时通常以1/10的脱脂奶粉加9/10的清水混合。适合中老年、肥胖和不宜摄入脂肪的消费者。

（3）速溶奶粉　和全脂奶粉相似，速溶奶粉具有分散性、溶解性好的特点，一般为加糖速溶大颗粒奶粉或喷涂卵磷脂奶粉。

（4）加糖奶粉　由牛乳添加一定量蔗糖加工而成，适合全体消费者，多具有速溶特点。

（5）特殊配制奶粉　适合有特殊生理需求的消费者，这类配制奶粉都是根据不同消费者的生理特点，去除了乳中的某些营养物质或强化了某些营养物质（也可能二者兼而有之），故具有某些特定的生理功能，如中老年奶粉、低脂奶粉、糖尿病奶粉、低乳精奶粉、双歧杆菌奶粉等。

2.炼乳、淡乳

牛乳通过加糖、加热、蒸发制成的浓缩乳制品，在牛乳中加入40%~45%的糖含量，再经加热蒸发掉约60%的水含量后，即为炼乳，其乳脂肪含量不可低于0.5%，乳固形物含量不低于24%。在烘焙中，由于炼乳含糖量过高，因此基本不用作原料，更不能代替黄油或者牛乳。原味以及各种风味的炼乳可以直接涂在烤好或者蒸好的点心上。

炼乳

炼乳太甜，必须加5~8倍的水来稀释。但当甜味符合要求时，往往蛋白质和脂肪的浓度也比新鲜牛乳下降了一半。如果在炼乳中加入水，使蛋白质和脂肪的浓度接近新鲜牛乳，那么糖的含量又会偏高。

淡乳，又叫作花乳、乳水、蒸发乳。牛乳蒸发浓缩，不加糖，装罐杀菌后即为淡乳。它的乳糖含量较一般牛乳为高，奶香味也较浓，可以给予西点特殊的风味。乳粉和水的比例是1：9，或者是2：8。以50%的乳水加上50%水混合，即为全脂鲜乳。但有些食谱中如写的是"新鲜乳水"，指的多为"新鲜牛乳"。同时，淡乳也是做奶茶的最好选择。

炼乳是用鲜牛乳或者羊乳经过消毒浓缩制成的，通常是将鲜乳经真空浓缩或其他方法除去大部分的水分，浓缩至原体积25%~40%的乳制品，再加入40%的蔗糖装罐制成的。

而淡乳也是新鲜牛乳蒸馏去除一些水分制成的，但是没有炼乳浓稠，却比牛乳稍浓。在烘焙配方中，为了达到最佳的效果，是要根据配方的需求选择炼乳或淡乳的。并且，炼乳和淡乳在烘焙配方中不能随意地进行替换。

炼乳和淡乳都是牛乳通过蒸馏的方式，去掉了新鲜牛乳中60%的水分，使得剩下的牛乳变得黏稠，呈现出奶油一样的质地。炼乳和淡乳都可以分为全脂、低脂和无脂三种。

3.奶油、黄油

正常情况下，未加工牛乳的乳脂含量大概在3.5%左右。这些乳脂是以颗粒状态悬浮在牛乳中的。这种悬浮并不是很稳定，只要静置一段时间，乳脂就会上浮到牛乳表面。把表面一层收集起来，就是我们所说的奶油。

虽然奶油的主要成分是脂肪，可不全是"油"，它的脂肪含量只有12%~38%，不会超过50%，本质上还是一个水包油的乳化体系，只是脂肪颗粒稍微密集了些。所以，奶油看上去跟牛乳差不多，只是稍微浓稠一点。

奶油、黄油

奶油是将牛乳中的脂肪成分经过浓缩而得到的半固体产品，奶香浓郁，可用来涂抹面包和馒头，或制作蛋糕和糖果。奶油主要按加盐、不加盐，发酵、不发酵分类。常见于各式西餐中，人们摄入奶油的机会较多。

黄油，它是从牛乳中提炼出来的油脂，对牛乳或稀奶油进行剧烈的搅动，使乳脂肪球的蛋白质膜发生破裂，乳脂肪便从小球中流出。失去了蛋白质的保护后，脂肪和水发生分离，它们慢慢上浮，聚集在一起，变为淡黄色。这时候，分离上层脂肪，加盐并压榨除去水分，便成为日常食用的黄油，也叫"白脱"。黄油是维生素A和维生素D的极好来源，它的黄色则来自于胡萝卜素。有些地方又把它叫作"牛油"。黄油中大约含有80%的脂肪，剩下的是水及其他牛乳成分，拥有天然的浓郁乳香。黄油在冷藏的状态下是比较坚硬的固体，而在28℃左右，会变得非常软，这个时候，可以通过搅打使其裹入空气，体积变得膨大，俗称"打发"。在34℃以上，黄油会融化成液态。需要注意的是，黄油只有在软化状态下才能打发，融化后是不能打发的。

黄油有无盐和含盐之分。一般在西点中使用的都是无盐黄油，如果使用含盐黄油，需要相应减少配方中盐的用量。无盐黄油用于西点，有盐黄油作为调料，比如抹在吐司上。但由于有盐黄油的含盐量很低，所以用来做曲奇，口味上不会有太大的区别。

在我国的国家标准里，黄油也叫作奶油。裱花用的"奶油"在国家标准里叫作"稀奶油"，也称为"鲜奶油"（其中又可以分为淡奶油与浓奶油）。根据国内的标准，脂肪含量在10%～80%的乳制品都叫稀奶油。但实际上根据脂肪含量的高低，奶油分化出很多种类。我们常见的有两种：打发奶油（脂肪含量30%～38%）和半对半奶油（脂肪含量12%）。

如果说奶油是水包油的乳化体系，那么黄油就是油包水的乳化体系。

4．乳酪

乳酪又名奶酪、干酪、芝士、起司等，是用皱胃酶或胃蛋白酶将原料乳凝聚，再将凝块加工、成形、发酵、成熟而制得的一种乳制品。乳酪通常是以牛乳为原料制作的，但是也有山羊、绵羊或水牛乳做的乳酪。大多乳酪呈乳白色到金黄色。含有丰富的蛋白质、脂肪和钙、磷、硫等矿物质及丰富的维生素。乳酪在制造和成熟过程中，在微生物和酶的作用下，发生复杂的生物化学变化。使不溶性的蛋白质混合物转变为可溶性物质，乳糖分解为乳酸与其他混合物。这些变化使乳酪具有特殊的风味，并促进消化吸收率的提高。乳酪是西点的重要营养强化物质。乳酪在乳制品中种类最多。由于成熟工艺的不同，会使乳酪具有不同的风味、口感和贮藏性能。其中主要有：软质乳酪、半硬质乳酪、硬质乳酪、超硬质乳酪、加工乳酪、奶油乳酪等。

鲜乳酪，又称芝士，是由牛乳中醑蛋白凝缩而成，用于西点和制作芝士蛋糕之用。

烘焙中用的比较有名的几种乳酪：

（1）**奶油乳酪**　它是一种未成熟全脂乳，经加工后，其脂含量可超过50%，质地细腻，口味柔和。因同样不需要酝酿的过程，所以也算是一种"新鲜乳酪"。不同的是这类乳酪还加

奶油乳酪

入了鲜奶油或鲜奶油和牛乳的混合物，所以才称为奶油乳酪。奶油乳酪是乳蛋糕中不可缺少的重要材料。除了作为料理材料之外，也可直接品尝其原味，可搭配果酱、蜂蜜、水果或添加各种西洋香草、洋葱等。

玛斯卡彭乳酪

一般在做乳酪蛋糕使用的奶油乳酪为块状包装产品，奶油乳酪的质感看起来与奶油有点类似，但色较为浅白，气味也大不相同。

（2）玛斯卡彭乳酪　玛斯卡彭（或名马斯卡波涅）乳酪，是意大利式的奶油乳酪，原产意大利，是一种将新鲜牛乳发酵凝结、继而去除部分水分后所形成的"新鲜乳酪"，其固形物中乳酪脂成分80%。软硬程度介于鲜奶油与奶油乳酪（又名凝脂乳酪）之间，带有轻微的甜味及浓厚的口感。由于未曾经过任何酝酿或成熟过程，遂而仍保留了洁白湿润的色泽与清新的奶香，带有微微的甜味与浓厚滑腻的口感，越是新鲜，味道越好。

马祖里拉乳酪

（3）马祖里拉乳酪　也有译成马苏里拉乳酪的，比萨上面拉丝的乳酪就是这种，是意大利坎帕尼亚和那不勒斯地方产的一种淡味奶酪，早年是用生长在那不勒斯西南部的水牛产的乳制成，现代用普通牛产的乳也可以制作，但与水牛乳的制品比较，在口感上缺乏水牛乳品的甜度和深广度。其成品色泽淡黄，含乳脂50%。

马祖里拉在意大利被称为"乳酪之花"，因为质地潮润香滑，极适合制作糕点，而菜肴上与西红柿和橄榄油搭配更是锦上添花。

切达乳酪

（4）切达乳酪　又叫车打乳酪、车达乳酪，其名来源于16世纪的英国原产地切达镇，是英国莫特郡切达地方产的一种硬质全脂牛乳乳酪，历史悠久。色泽白或金，组织细腻，口味柔和，含乳脂45%，如今已广传于世界许多地区，尤其是美国，由于美国产量之高和食用者之多，甚至有人将它称之为"美国乳酪"了。它是用全脂牛乳制成的，是最基本的乳酪之一。

比然乳酪

（5）比然乳酪　法国最著名的乳酪之一，因产于中央省的比然地区而得名。有许多品种，一般色泽由淡白到淡黄，质软味咸，奶香浓郁。呈圆形，直径18～35厘米，重量1.5～2千克，含乳后45%。比然乳酪最早制于17世纪，被称为"乳酪之王"，享誉全世界。

（6）帕玛森乳酪　一种意大利硬质乳酪，经多年陈熟干燥而成，色淡黄，具有强烈的水果味道。用途非常广泛，不仅可以擦成屑，作为意式面食、汤及其他菜肴的调味品，还能制成精美的甜食。意大利人常把大块的帕玛森乳酪同无花果和梨一起食用，或把它切成小块，配以开胃酒，当作餐前小点。又因其成熟期较长，所以比其他乳酪更容易被人体消化吸收，现已成为世界上最佳的乳酪品种之一。

帕玛森乳酪

（7）芝士酱　又名起司酱、起士酱。芝士其实是乳酪的译称，英文名为cheese的固体乳制品，是多种乳制乳酪的通称，有各式各样的味道、口感和形式。主要是由乳酪添加其他食材制成，所以叫芝士酱。

5. 酸奶、酸奶油

酸奶是在牛乳中添加乳酸菌使之发酵、凝固而得到的产品。酸奶含有高营养的乳蛋白、矿物质和维生素，而且牛乳经过了发酵，易消化。因为乳酸菌的存在，使肠内能保持适宜酸度，可以抑制腐败细菌的繁殖。根据其性状可分为硬质酸奶、软质酸奶，这类产品作为健康食品近年发展很快，种类也十分多样。近年来用于蛋糕等点心的装饰中，又创立了新的酸奶蛋糕品种。有的地方称为发酵奶、酸牛奶。

芝士酱

酸奶油也叫"酸忌廉"（港式说法），是在鲜奶油中添加乳酸菌，置于约22℃的环境发酵，至乳酸含量达到0.5%，然后将酵化的奶油包装放置12～48小时，如果高温加热会结块。酸奶油可用于酸奶蛋糕的制作。

酸奶

酸奶油

第三节　蛋、乳及其制品的品质检验和贮存

一、蛋及其制品的品质检验

鲜蛋的蛋壳比较毛糙，壳上附有一层粉状的微料，蛋壳没有裂纹，色泽鲜明清洁，摇晃无声音。鲜蛋在贮存、保管过程中，由于受到温度、湿度和其他外部条件的影响，会发生不同程度的质变，甚至失去食用价值。常见的鲜蛋变质有下列几种类型：

（1）陈蛋　保存时间较长，蛋壳表面光滑，颜色发暗，透视时可以看出气室稍大，蛋黄暗影小，摇动有声音。这种蛋尚未变质，可以食用。

（2）裂纹蛋　大都是在贮存、保管、包装、运输过程中受到震动或挤迫造成的。裂纹时间不长的，可以食用。

（3）散黄蛋　蛋黄膜破坏，蛋黄、蛋清混在一起，如果蛋液仍较厚，没有异味，一般可以食用。

（4）贴皮蛋　由于保存时间过长而蛋清稀释，蛋黄膜韧力变弱，蛋黄紧贴蛋壳，贴皮外局部呈红色的，一般可以食用。蛋黄紧贴蛋壳不动，贴皮处呈黑色，并有异味的，即已腐败，不能食用。

（5）臭蛋　蛋壳表层的保护膜受到破坏，细菌侵入蛋内，引起发霉变质，蛋的周围形成黑色斑点。发霉严重的，不能食用。

（6）霉蛋　鲜蛋受潮，蛋壳表层的保护膜受到破坏，细菌侵入蛋内，引起发霉变质，蛋的周围形成黑色斑点。发霉严重的，不能食用。

二、乳及其制品的品质检验

1. 鲜乳

鲜乳尽量保存在低温处，但一般不冷冻，5℃左右为宜。鲜乳冷却到13℃，存放12小时仍能保持其新鲜度。

鲜乳要求具有其正常的颜色和气味。微红色、灰白色、蓝色均属不正常颜色，咸味、苦味属于乳的不正常气味。鲜乳要呈均匀的胶态，无沉淀，无凝块，无杂质，微甜。

掺水使乳的密度下降，去乳脂后，乳的密度略有增加，一般用乳稠汁测定乳的密度。鲜乳在沸水中不应有凝块或絮片产生，加中性酒精时，不得有絮状物产生。

2. 奶油

正常的奶油呈均匀淡黄色，表面紧密，无霉斑，浓稠度及流动性性适中，具奶油特有的纯香味，无异味，无杂质，允许有少量沉淀物。重制奶油呈软粒状，熔融后透明无沉淀，奶油在面点上应用较多，特别是西点，也常作为起酥油使用。

3. 奶粉

奶粉应为浅黄色，有光泽，粉状，颗粒均匀一致，无结块，无异味，有消毒乳的纯香味，甜度明显。

4. 酥油

酥油组织细腻晶莹，呈天然黄色，奶香浓郁自然，留香性好，不含水分、食盐，品质稳定，具有较好的可塑性、融合性、稳定性、乳化性、打发性、起酥性、耐烘烤性和可操作性。

5. 乳酪

乳酪表皮均匀细薄，切面均匀致密，有小孔，呈白色或浅黄色，有特殊香味，微酸。

三、蛋、乳及其制品的贮存

（一）蛋品的贮存

鲜蛋贮存的基本原则是：维持蛋黄和蛋清的理化性质，尽量保持原有的新鲜度；控制干耗；阻止微生物侵入蛋内及蛋壳，抑制蛋内微生物的生长繁殖。针对这三条原则，采用的措施包括：调节贮存的温度、湿度；阻塞蛋壳上的气孔；保持蛋内二氧化碳气体浓度。

（1）冷藏法　鲜蛋冷藏可抑制微生物的活动及蛋内容物的生理生化变化。最佳贮藏温度略高于冰点，一般为 $0 \sim 5$℃，相对湿度为80%~90%。温度过高，易导致胚胎发育、蛋黄扩大、蛋清变稀；温度过低易造成蛋被冻裂。

（2）浸渍法　浸渍法的基本原理是利用化学反应产生不溶性沉积物质堵塞蛋壳气孔。一般采用石灰水或泡花碱贮存法。石灰水溶液为碱性液，有一定杀菌作用，同时蛋内逸出二氧化碳气体与其反应生成碳酸钙，沉积在蛋壳表面，将气孔堵塞，这样可阻止微生物侵入及蛋内二氧化碳气体逸出。

（3）气调法　气体贮藏法多使用二氧化碳、氮气、臭氧等改变蛋的贮存环境，以尽量减少蛋内二氧化碳气体逸出的一种贮存方法。具体操作方法很多，如将鲜蛋存放到粮食中，利用粮食呼吸产生的二氧化碳气体来抑制蛋的呼吸及表面微生物的活动。

（4）涂膜法　是将各种被覆剂涂在蛋壳表面堵塞蛋壳气孔，以阻止蛋内二氧化碳气体逸出和微生物侵入蛋内。

在这些贮存方法中，使用最多的是冷藏法，其他各种方法都有不同程度的缺点，较少使用。

（二）乳及其制品的贮存

1. 鲜乳的贮存

保存在低温处，但一般不冷冻，5℃左右为宜。鲜乳冷却到13℃，存放12小时仍能保持其新鲜度。

2. 奶油

在常温下一般可贮存12个月。

3. 奶粉

在常温下一般可贮存12个月，要密封保管。

4. 酥油

在常温下是固态，可贮存12个月。

5. 乳酪

放在容器中，用纸封口低温保存。

本章小结　通过本章的学习，重点要掌握蛋、乳及其制品的性质特点，在西点制作中的作用，特别是西点制作中常用的一些乳制品，要掌握具体特点、性质。

🧠 思考练习题

① 蛋的品种及其营养成分有哪些？在西点制作中的作用是什么？

② 乳的营养成分有哪些？在西点制作中有什么作用？

③ 西点制作中常用的乳制品有哪些？有什么特点？

④ 鲜蛋的品质检验及保管方法有哪些？

⑤ 乳及其制品的品质检验方法有哪些？

⑥ 查阅资料，简述世界各地对蛋、乳及其制品还有哪些应用。

第六章

辅助类原料

章节导读

　　本章主要讲述西点制作中常用到的一些辅助类原料，包括水、油脂、香草、香料、添加剂、酒类等，重点讲述这些辅助性原料的性质特点、西点应用以及应用注意事项，对于国家禁止使用的一些添加剂，不在学习范围。本章学习内容较多，许多辅助类原料既有传统产品，也有现代产品，有些产品分布在世界各地，各地使用情况也有差别，各地所产的一些香草、香料等也有不同的使用方法，学习中要综合分析，通过学习，学生对于各种辅助类原料性能会有所掌握，并能很好地运用于实践中。

学习目标

1. 掌握常见辅助类原料的具体种类。

2. 掌握各种常见的辅助类原料的性质特点及其作用。

3. 掌握各种常见辅助类原料的西点运用。

4. 掌握各种常见辅助类原料的使用方法及注意事项。

5. 掌握各种辅助类原料的品质鉴别与保管方法。

第一节　水

水是西点产品中用量很大的一种原料，水的添加量是最直接影响产品的成败因素。同时，水也是最好的溶剂，能够溶解和很好地混合各种西点原料。水的种类大致分为以下三种：

硬水，含丰富的矿物质，比如天然的泉水或井水等。

软水，含的矿物质很少，比如蒸馏水和纯净水等。

自来水，此水是介于上述二者之间，目前西点制品中多用自来水，不过南北方水质有一定的差别。

软水不适合制作面包，由于矿物质含量过低，使面筋黏性增加，不易操作，供给酵母的养分也很有限；硬水也不适合制作面包，由于其矿物质含量太高，会导致面筋的韧性过强，反而对酵母有抑制作用。

一、水的性质

纯净的水是无色、无味道、无气味的透明液体。水的沸点随着外界压力的增大而升高，在一个标准大气压下，水的沸点是100℃。减压时，沸点降低；加压时，沸点升高。欲使食物脱水而又不需要高温时，可以利用减压的办法；欲缩短食物成熟时间，需提高蒸煮温度，可利用高压炊具。

在冰点时，水分冻结，体积膨胀，冰晶形成，从而使富含水分的原料或食品在冷冻保藏时造成组织的损坏；另外，冰在融化时可以吸收食物的热量而使其降温，常用于冷藏和冰镇食物。

水具有很强的溶解能力，可以溶解离子型化合物、非离子极性化合物，有些不溶于水的高分子化合物，如蛋白质、多糖、脂肪等，在适当条件下可以分散在水中，形成乳浊液或胶体，如制作奶汤、胶冻即利用了此原理。

水的比热较大，广泛作为传热介质使用，如煮、烫等加热方式；另一方面，还可采用漂洗等方法使原料迅速降温。当利用蒸汽传热时，水蒸气在食物表面由汽态转化为液态，释放出大量的潜热，从而使食物在短时间内成熟，并避免了水溶性营养物质的损失。

二、水在西点制作中的作用

①调节面团软硬度及温度，方便操作。

②增强产品的柔软性，使口感更好。

③使面粉中的淀粉吸水糊化，更容易被人体消化。

④水的温度能够影响面团的发酵，帮助酵母更好地繁殖和发酵。

⑤面粉中的蛋白质吸水形成面筋，构成面包的支撑架的结构。

⑥能够使各种材料更好地混合均匀，溶解各种添加材料。

⑦水有利于发酵正常进行。

在各种发酵过程中，发酵菌的生长均离不开水。因此，水是发酵菌正常生长繁殖的基本条件之一。此外，水还有杀菌防腐的作用，沸水可以杀灭大量的病原菌和腐败菌；而将原料浸泡在洁净的冷水中也可在短时间内抑制微生物的繁殖。

第二节　油脂

油脂是指供人食用的以脂肪为主，并含有其他成分的混合物。按通常存在的状态可分为油和脂，在常温下呈液态的为油，呈固态的为脂。实际上，油和脂并无严格的界限，人们日常把油和脂混叫或连在一起叫油脂。

油脂具有疏水性和游离性，在面团中，能在面粉颗粒表面形成油膜，阻止面粉吸水，阻碍面筋形成，使面团的弹性和延伸性减弱，而疏散性和塑性增强。油脂的游离性与温度有关，温度越高，游离性越大。在西点制作中，正确使用油脂的疏水性和游离性，制定合理的用油比例，有利于制出理想的产品。

一、食用油脂的化学成分

1. 甘油酯

食用油脂的主要成分为甘油酯，其中除少量甘油一酯和甘油二酯外，主要是甘油三酯。构成甘油三酯的三个脂肪酸若相同，则称为单甘油酯；三个脂肪酸若不相同，则称为混合甘油酯。在天然食用油脂中，绝大多数为混合甘油酯。

2. 脂肪酸

在油脂中的脂肪酸除了以结合成甘油酯的形式存在外，还有一部分以游离状态存在。脂肪酸按结构中有无双键又分为饱和脂肪酸和不饱和脂肪酸两类。在食用油脂中，饱和脂肪酸主要有软脂酸（如猪油）、硬脂酸（如牛、羊油）和月桂酸（如椰子油）等；不饱和脂肪酸主要有油酸、亚油酸、亚麻酸、花生四烯酸等，这些不饱和脂肪酸常被称为必需脂肪酸。

3. 磷脂

磷脂是在结构上类似甘油酯的化合物，主要有卵磷脂、脑磷脂、神经鞘磷脂等。磷脂是良好的乳化剂，能降低溶液体系的表面张力；还可防止油脂的氧化，减缓油脂的酸败过程。磷脂在粗制油中含量较多，在加热时易起泡。

4. 色素

纯净的油脂是无色的，但各种粗制油呈现不同的颜色，这是溶解在其中的色素造成的。例如叶绿素呈绿色，叶黄素和类胡萝卜素呈黄色，叶红素呈橘红色，棉酚呈棕色。

5. 维生素

食用油脂中含有脂溶性维生素A、维生素D、维生素E、维生素K等。在植物油脂中维生素E较多，维生素A、维生素D、维生素K较少；在动物性油脂中则维生素A、维生素D、维生素K较多，维生素E较少。

6. 蜡

食用油脂中的蜡是由高级饱和脂肪酸与高级一元醇形成的酯，主要来自动植物体表面的组织。蜡不易被脂肪酶水解，在消化道内不能被消化吸收，故无营养价值。食用油脂中虽含蜡很少，但在冬季或低温时蜡晶常呈云雾状悬浮在油脂中。

二、食用油脂的性质

食用油脂中所含有脂肪及其他一些非甘油酯类的化合物共同构成了食用油脂的基本性质，这些性质不仅决定了它们在西点中的重要作用，而且也是食用油脂进行储存保管的依据。

1. 色泽和气味

食用油脂都具有一定的色泽和气味，它是区别不同的油脂种类及鉴定品质优劣的依据。食用油脂的色泽和气味主要是由食用油脂中非甘油酯类成分引起的，比如棉籽油的颜色很深，这主要是含有黑紫色的棉籽嘌呤的缘故。芝麻油较一般植物油颜色较深、香味足，这主要是由色素和酚、醇及乙酰吡嗪等芳香物质所致。利用不同食用油脂的色泽和气味可以增加食品的风味。

2. 熔点

食用油脂的熔点是由构成脂肪成分的脂肪酸的碳链长短而决定的，因此，各种食用油脂的熔点是不相同的，比如大豆油的熔点在$-18 \sim -8℃$，花生油的熔点在$0 \sim 3℃$，棉籽油的熔点在

3~4℃，而猪油的熔点在28~48℃。食用油脂的熔点还与其脂肪酸的饱和程度有关，熔点低，不饱和脂肪酸的含量就高，其营养价值也就高。植物油脂熔点较动物性油脂为低，所以营养价值要高些。因此，不同油脂的熔点是检验其质量和采取不同方法的重要依据。

3. 溶解性

精炼的食用油脂不含水分，比重比水轻，能浮于水面而不溶于水，但易溶解于乙醚、丙酮、烃、苯、二硫化碳等溶剂。在一定的温度下，食用油脂的部分脂肪成分能溶入部分水，如在69℃时，每100克水可溶入硬脂酸0.29克。

4. 黏度

食用油脂虽不溶于水，但黏度比水高，因此在西点中食用油脂能很好地黏附在食品上，改变点心的滋味和光泽。

5. 乳化

食用油脂在一般情况下不溶于水，但在一定的条件下，油脂能呈微滴状分散于水中形成稳定的乳浊液。

6. 温差幅度

食用油脂的温差幅度很大，在加热之后，油脂的温度很容易升高，而且能达到极高的温度（沸点），有的甚至可以超过300℃。由于食用油脂温差幅度很大，在西点中，适当运用油温，可以使制品形成不同质感、味感。

7. 水解和氧化

食用油脂在酸、碱、酶及热的作用下能发生水解。在加热情况下，只能使油脂部分地水解出脂肪酸，因此能促进人体对油脂的消化吸收。食用油脂在空气中还能自发地进行氧化并生成过氧化物，所以，在保管食用油脂时，避免长时间在空气中露放，是防止油脂氧化的关键。

8. 热变性

食用油脂在加热过程中，由于长时间加热或温度过高可发生黏度增高或经水解后再缩合成大分子量的醚型化合物，产生刺激性气味等变化，使其味感变劣，丧失营养，甚至还会产生毒性。所以在加热中必须控制适当的温度。

三、食用油脂的分类

1.植物油类

主要是从植物的种子和果实中提取出来的，主要含有不饱和脂肪酸，常温下为液体，其加工性能不如动物油脂，一般多用于油炸类产品和一些面包色拉油类的生产。

食用植物油脂按来源可分为豆油、花生油、菜籽油、棉籽油、玉米油、芝麻油、椰子油、橄榄油等。

2.动物脂类

是通过对动物的脂肪组织进行熬炼提出的，一般呈固态或半固态。提取的方法通常有干炼法和水煮法两种。干炼法就是把生的动物性脂肪原料直接放入锅中熬炼。水煮法则是将其与水共煮或让蒸汽直接进入生脂原料中，使细胞受热破裂，油滴溶出，水分蒸发掉后油即可取出。水煮法提取的油脂品质优于干炼法。具有熔点高、可塑性强、起酥性好的特点，色泽、风味较好。

另外，按照不同品种，有专门的品种用油。如面包专用油、发酵调和油、奶味酥油、烘焙奶油、起酥油、片状酥皮油、甜奶油、夹心奶油、烤焙奶油、麦淇淋油、乳化油等。

四、食用油脂在西点制作中的作用

①改变面团的物理性质。

②促进起酥类制品形成均匀的层次组织。

③促进面包体积增大。

④促进酥类制品口感酥松。

⑤促进制品体积膨胀、酥性增强。

⑥促进乳化，使产品质地均匀。

⑦油脂用作传热介质，形成油炸制品特色。

⑧增进制品风味和营养，补充人体热能。

⑨增强面坯的可塑性，有利于点心的成形。

⑩调节面筋的胀润度，降低面团的筋力和黏性。

⑪保持产品组织的柔软，延缓淀粉的老化时间，延长点心的保存期。

五、西点制作中常用的油脂

（一）植物油类

1. 花生油

花生油是从花生仁中提取的油。按加工方法和精制程度的不同，有毛花生油、过滤花生油和精制花生油三种。毛花生油呈深黄色，含有较多的水分和杂质，浑浊不清，但可食用。过滤花生油较为澄清，但不易保管，耐贮性差。精炼花生油透明度较高，所含水分和杂质较少，因经碱制除去了游离酸，不易酸败，是良好的食用油。用冷压法提取的花生油，颜色浅黄，气味和滋味均好。用热压法提取的花生油，则为浅橙黄色，有炒花生的气味。花生油在夏季是透明的液体，到冬季则为黄色半固体状态，属半干性油脂。我国主要产区在华东、华北等地，各地区人民多喜食用。

花生油

花生油在西点中主要用于炸制各类酥点、制作一些酥类面团和调制一些馅料。

2. 芝麻油

芝麻油俗名麻油、香油，是从芝麻提炼出来的油，因有特殊的香味，故称香油。按加工方法的不同，分为冷压芝麻油、大槽油和小磨香油。冷压麻油无香味，色泽金黄，多供出口。大槽油为土法冷压麻油，香气不浓。小磨香油是传统工艺方法提取的麻油，具有浓厚的特殊香味，呈红褐色。麻油的耐贮性较其他植物油为强，在保管中很少发生氧化酸败。我国麻油产量居世界第一位，约占世界总产量的2/3。河南、湖北二省为主要产区。芝麻油的消费以北方为主。

芝麻油

3. 玉米油

玉米油是从玉米中提炼的油，为一种新生产的食用油。玉米油色泽淡黄透明，内含60%脂肪酸，还含有较多的人体可需要的油酸、亚油酸及谷维素，对降低人体血清胆固醇的浓度有较好的效果，有防止动脉血管硬化的功能，被称为非常合适的食用油脂。其熔点低，易为人体消化吸收。

玉米油

玉米油在西点中主要用于一些高档点心的炸制。

4．椰子油

椰子油是从热带植物椰子树的果实中所提取的一种植物油。椰子取油的方法有两种：一是水煮法，即将新鲜的椰子果实用刀割成两半，再将果肉刨成丝，然后将丝用水煮，椰油就透出浮于水面。此法简单，一般单位均可自取，若无新鲜椰实，也可用干椰果提取；另一种是压榨法，先将椰子果实的肉加以干燥，再经机器细碎，蒸熟，然后用机器压榨，干椰实一般含油量为65%～72%。

椰子油

椰子油因含大量的低分子量饱和脂肪酸，所以在常温下是固体，较稳定，不易酸败，遇热不是逐渐软化，而是在几度的范围内，由脆性固体骤变为液体。

椰子油应用于西点中是为了增加中链脂肪的摄入量，用椰子油代替其他食用油烹调是最简便的办法。由于椰子油是饱和油，加热不会产生自由基。椰子油的熔点是23℃，在这温度之上，它是液体；低于此温度是白色糊状物。其发烟点较低，为177℃ 以下。使用椰子油烤制面包、松饼，炉温可高于此温度。椰子油性能稳定，不需冷藏保存。它在常温中至少可放置2～3年。

5．葵花籽油

葵花籽油又叫葵花油，是从葵花籽中提取的（籽中含油达26%～35%）。分冷榨油和热榨油两种，冷榨油色呈淡黄色，热榨油呈金黄色，有葵花籽的特殊香味，品质较好，有防止血管硬化的功能。

葵花籽油

6．橄榄油

橄榄油在地中海沿岸国家有几千年的食用历史，在西方被誉为"液体黄金""植物油皇后""地中海甘露"，原因就在于其极佳的天然保健功效，美容功效和理想的烹调用途。可供食用

橄榄油

的高档橄榄油是用初熟或成熟的油橄榄鲜果，通过物理冷压榨工艺提取的天然果油汁，是世界上唯一以自然状态的形式供人类食用的木本植物油。它原产地为中海沿岸诸国，人类对它的栽培历史已有数千年之久。

（二）动物脂类

1. 猪油

　　猪油又称大油，是从猪的脂肪组织中提炼出来的，常温下为固体状油脂。猪油根据部位来源不同，可分为板化油、脚化油、肉化油和骨化油等。其中板化油最佳，脚化油次之。其品质以液态时透明清澈，固态时色白质软，明净无杂质，香而无异味者为佳。

猪油

　　猪油存放时间不宜过长，特别在温度高的夏天极易与空气接触而发生氧化，致使酸败变质。酸败变质的猪油会产生"哈喇味"，不宜食用。

　　猪油熔点高，利于加工操作，具有色泽洁白、起酥性、可塑性良好等优点。西点配方中起酥油用猪油比较合适，如运用于蛋挞皮和牛角包等。在西点产品中也可用于面包、派。用猪油制出的成品，品质细腻，口味颇佳。

牛油

2. 牛油

　　牛油是由牛体中脂肪组织熔炼而成。优质的牛油凝固后为淡黄色，如呈淡绿色或淡灰色则质较次。在常温下呈硬块状态。牛油的熔点高于人体的体温，不易被人体消化吸收。

　　牛油在西点的应用较少。

3. 羊油

　　羊油是从绵羊或山羊的体内脂肪中提炼出来的。优质的羊油经熔炼冷却后，呈白色或淡黄色，带有轻度淡灰色或淡绿色的质较次，色泽再深时，即不能食用。在常温下，羊油比牛油更硬。绵羊油膻味较轻，山羊油膻味较重，不易消化。

羊油

　　羊油在西点中很少使用，也可作奶油的代用品，用于油炒面，具有独特的醇厚酯香味。

（三）再制油类

1. 色拉油

　　色拉油是指各种植物原油经脱胶、脱色、脱臭（脱脂）等加工程序精制而成的高级食用植物油。主要用作凉拌或作酱、调味料的原料油。市场上出售的色拉油主要有大豆色拉油、油菜籽色拉油、米糠色拉油、棉籽色拉油、葵花籽色拉油和花生色拉油。

经常用于戚风蛋糕及海绵蛋糕的制作，但不适合添加于其余的烘焙产品中。

大豆色拉油

2．黄油

黄油又称乳脂、白脱，是从牛乳或者鲜奶油中提取出来的油脂。其加工方法为：将牛乳用油脂分离机分出稀乳脂后，经发酵（或不发酵）、搅拌、凝集、压制即成黄色固体状的黄油，具有特殊的奶油香味。黄油含脂肪在80%以上，其余大部分为水和少量乳糖、蛋白质、维生素、矿物质与色素等，营养丰富。黄油亲水性较其他油脂强，容易乳化，易被人体消化吸收。市场上卖的黄油中，有的添加了食盐。

黄油

因其乳化性、起酥性、可塑性均较好，常被用来调制奶油膏和制作起酥糕点；也可用于制作各种糕点、糖果；是制作面包、蛋糕的主要原料。

固体黄油加糖打发后，颜色变浅，体积增大，其中裹入大量细小气泡，奶油蛋糕、曲奇就是靠打发的黄油产生疏松的口感。做派皮和蛋挞皮时，碎成小块的固体黄油与面粉夹杂在一起而不是均匀混合揉成团，烘烤后，黄油化开，因此面皮酥脆易碎裂。做千层饼时，黄油直接用作裹入油，叠成面皮和黄油交替成层，烘烤后，黄油化开，面皮就分出很多酥层。

黄油有动物性黄油和植物性黄油两种。

动物性黄油，是从牛奶中分离提炼加工出来的一种比较纯洁的油脂，所以有些地方也称为牛油。常温下，动物性黄油呈浅黄色固体，其脂肪含量在80%以上，熔点为28～330℃，凝固点为15～250℃，具有奶脂香味。含有丰富的蛋白质和卵磷脂，具有亲水性强、乳化性能好、营养价值高的特点。能增强面团的可塑性、成品的松酥性，使成品的内部松软滋润。动物性黄油融化使用，油脂味比较重。

植物性黄油，英文名是margarine，是将植物油部分氢化以后，加入人工香料模仿黄油的味道制成的黄油代替品。

人造黄油是以氢化油为主要原料，添加适当的牛乳制品、香料、乳化剂、防腐剂、抗氧化剂、食盐和维生素，经混合、乳化等工序而制成的。它的乳化性、熔点、软硬度等可以根据各种成分配比来调控。一般的人造黄油熔点是35～380℃。人造黄油具有良好的延伸性，其风味、口感与天然黄油相似。

人造黄油

3．人造黄油

人造黄油又称麦淇淋，是奶油的代用品，外观同奶油相似，但营养价值、色、香、味不如奶油。人造黄油是由植物油和动物油按一定配合比例混合，加入乳成分的脱脂奶粉、香料、食盐、着色剂、维生素、保存剂、抗氧化剂及乳化剂、水等混合乳化处理，急速冷却、固化等工序制成。制品呈半流动状或适当硬度固体状。

在西点中的应用：可涂抹在面包、饼干等食品上食用，使之带有奶油的香味；还可作馅饼、点心馅料使用，在西点中应用较广。

4．鲜奶油

鲜奶油

鲜奶油也是从牛乳中提取的脂肪，白色像牛乳似的液体，分为动物性及植物性鲜奶油。但是乳含量更高，需要严格的冷藏，为的就是保持内部结构完整，才能够打发出好的奶油。打发成浆状之后可以在蛋糕上裱花，也可以加在咖啡、冰淇淋、水果、点心上，甚至直接食用，是西点制作的原料之一。

从口感和口味上来说，动物性鲜奶油的风味较佳，比植物性鲜奶油要清香，口感清爽，但是保存期限较短。同时，它也较植物性鲜奶油不易打发，而且用来挤花的发泡鲜奶油比植物性鲜奶油的挤花线条更明显。

动物性鲜奶油是从牛乳中提炼出，含有47%的高脂肪，动物性鲜奶油只有"鲜奶油"而无"棕榈油"等其他植物油成分或含糖量。动物性鲜奶油的保存期限较短。

植物性鲜奶油又称人造鲜奶油，主要成分为棕榈油、玉米糖浆及其他氢化物，通常是已经加糖的，甜度较动物性鲜奶油高。鲜奶油的种类较多，通常以其中乳脂含量不同来区分。

近年来在西点制作中，还大量使用植物性鲜奶油，也称为人造鲜奶油，是以大豆蛋白为主要原料制成的，其成分中没有一点乳制品成分，以植物脂肪和植物蛋白为主要成分，添加乳化剂、稳定剂、蛋白质、糖、食盐、色素、香精等辅料，经特殊工艺加工而成的。由于使用方便、发泡性能好、稳定性强、奶香味足、不含胆固醇，逐渐取代了传统的动物性鲜奶油，成为制作蛋糕的主要原料。

动物奶油和植物奶油的区别如下。

（1）颜色　动物奶油：纯乳脂奶油呈自然的乳白色，略偏黄。植物奶油：由于是人为合成，颜色大多呈现亮白色，与动物奶油相比更白。

（2）气味　动物奶油：作为天然提取物，闻起来会有一股天然的奶香味，越是等级高的动物性奶油，含乳脂量越是丰富，因此奶味越香浓，甚至鼻子灵敏的会觉得有一股奶膻味。植物奶油：因为它本身不是乳制品，它的香味来自所添加的香精和香料，所以闻起来没有什么乳味，或者是"清香"。

（3）口感　动物奶油：因为动物奶油的熔点低于人体温度，所以会有入口即化的口感，而且本身是不含糖的，需要在打发时加砂糖之类的进行调味，所以甜度不会有油腻感，十分清爽。植物奶油：甜度来自人工添加的香精和合成糖浆，所以较为甜腻，而且吃完后会觉得口中有一层油脂，所以吃植物奶油会觉得很油腻。

（4）造型质感　动物奶油：质地绵软，温度略高就容易融化，造型不稳定，很难做复杂和立体感强的造型。植物奶油：塑性和稳定性高，所以可做复杂的花型，而且造型非常立体坚挺。

5．起酥油

起酥油以精炼的动植物油、氢化油等油脂为原料，经混合、冷却、塑化等工艺加工而成，具有可塑性、乳化性等加工性能的固态或流动性的油脂产品，能使面制品起显著疏松作用的油脂。起酥油一般不直接食用，是制作食品加工的原料油脂。起酥油有较高的稳定性，种类很多，有起酥油、溶解性起酥油、装饰性起酥油、蛋糕用液体起酥油等。

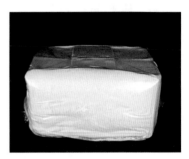

起酥油

（1）氢化起酥油　不饱和脂肪酸由于加氢而生成饱和脂肪酸，经过这个过程生成的油脂叫氢化起酥油。氢化起酥油在加工过程中，经过精炼、脱色、脱臭后其色泽纯白或微黄、无臭、无异味。其可塑性、黏稠度、软化性和起酥性都较理想，特别具有高度的稳定性，不易氧化酸败。

用氢化起酥油生产的糕点产品有许多优点：成品色淡、味纯；可延长产品的存放期；酥脆性好；不易出油，携带方便。

（2）高熔点起酥油　高熔点起酥油是用部分氢化油与未经氢化的液体油配制而成。它可分为氢化油与动物脂，氢化油与植物油，动物脂与动物脂，动物脂与植物油，植物油与植物油等。总之，这样制得的油脂，熔点平均提高，使用它们生产的糕点制品起酥性好，"走油"现象减轻，存放期延长。

6．饼干用油脂

饼干用油脂，首先应具有良好的起酥性和较高的稳定性；其次要具有较好的可塑性；以人造黄油或起酥油为主，再酌量加入奶油和猪油来调节产品风味。

7．蛋糕油

蛋糕油又称蛋糕乳化剂或蛋糕起泡剂，它在海绵蛋糕的制作中起着重要的作用。

蛋糕油

在20世纪80年代初，国内制作海绵蛋糕时还未有蛋糕油的添加，在打发的时间上非常慢，出品率低，成品的组织也粗糙，还会有严重的蛋腥味。后来添加了蛋糕油，制作海绵蛋糕时打发的全过程只需8~10分钟，出品率也大大地提高，成本也降低了，且烤出的成品组织均匀细腻，口感松软。

蛋糕油的添加量一般是鸡蛋的3%~5%。因为它的添加是紧跟鸡蛋走的，每当蛋糕的配方中鸡蛋增加或减少时，蛋糕油也须按比例加大或减少。蛋糕油要在面糊的快速搅拌之前加入，这样才能充分地搅拌溶解，也就能达到最佳的效果。

蛋糕油一定要保证在面糊搅拌完成之前能充分溶解，否则会出现沉淀结块；面糊中有蛋糕油的添加则不能长时间地搅拌，因为过度的搅拌会使空气拌入太多，反而不能够稳定气泡，导致破裂，最终造成成品体积下陷，组织变成棉花状。

第三节　食品添加剂

一、食品添加剂的概念

食品添加剂是指在不影响食品营养价值的基础上，为了防止食品的腐烂变质，增强食品的感官性状，提高食品的品质，在食品生产、加工、保藏中人为地加入适量化学合成或天然的物质，这些物质就是食品添加剂。目前我国食品添加剂有23个类别，2000多个品种，包括酸度调节剂、抗结剂、消泡剂、抗氧化剂、漂白剂、膨松剂、着色剂、护色剂、酶制剂、增味剂、营养强化剂、防腐剂、甜味剂、增稠剂、香料等。

二、食品添加剂的作用

1. 利于保存，防止变质

使用防腐剂和抗氧化剂，可以防止由微生物引起的食品腐败变质，延长食品的保存期。同时，还具有防止由微生物污染引起的食物中毒作用，阻止或推迟食品的氧化变质，以提供食品的稳定性和耐藏性。也可防止可能有害的油脂自动氧化物质的形成。此外，还可用来防止食品，特别是水果、蔬菜的酶促褐变与非酶褐变。

2．改善食品的感官性状

适当使用一些食品添加剂，可以明显提高食品的感官品质，包括食品的色、香、味、形态和质地等衡量食品品质的指标，满足人们的不同需要。

3．保持或提高食品的营养价值

在食品加工时适当地添加某些属于天然营养范围的食品营养强化剂，可以大大提高食品的营养价值，这对防止营养不良和营养缺乏、促进营养平衡、提高人们健康水平具有重要意义。

4．有利于食品加工，适应生产机械化和自动化

在食品加工中使用消泡剂、助滤剂、稳定剂和凝固剂等，可有利于食品的加工操作，以适应生产的机械化和自动化。

5．满足其他特殊需要

食品应尽可能满足人们的不同需求。例如，糖尿病人不能吃糖，则可用无营养甜味剂或低热能甜味剂，如三氯蔗糖或天门冬酰苯丙氨酸甲酯制成无糖食品供应。

三、西点食品中常用的添加剂

（一）增味剂

1．酸味剂

以赋予食品酸味为主要目的的食品添加剂称为酸味剂。主要有有机酸类：醋酸、柠檬酸、乳酸、酒石酸、苹果酸、富马酸和己二酸；无机酸类：食用磷酸、碳酸等。

（1）醋酸　无色透明液体，有强烈刺激味，味极酸。食醋是采用淀粉或饴糖为原料发酵制成的，含有3%～5%的醋酸，还含有其他的有机酸、糖、醇及酯类。

（2）柠檬酸　又称枸橼酸，化学名称3-羟基-3-羧基-1,5-戊二酸。工业上以淀粉或糖蜜为原料，经黑曲霉发酵而成。为无色透明或白色粉末，其酸味柔和，除做酸味剂外，还用作防腐剂、抗氧化增效剂、酸化剂、增香剂和香料，用途广泛。被公认为许多品酸的标准，应用历史长，在酸味剂中占有重要地位。

（3）乳酸　化学名称为2-羟基丙酸，为无色透明或浅黄色糖浆状液体。工业上制备乳酸是用淀粉、葡萄糖或牛乳为原料，接种乳酸杆菌经发酵生成乳酸。乳酸可作为食品酸味剂、防腐剂、风味增强剂和pH调节剂使用，用于饮料中还可有效防止浑浊和沉淀。

2．甜味剂

甜味剂是指能赋予软饮料甜味的食品添加剂。甜味剂按营养价值可分为营养性甜味剂和非营养性甜味剂两类；按其甜度可分为低甜度甜味剂和高甜度甜味剂；按其来源可分为天然甜味剂和合成甜味剂。常用的人工合成的甜味剂有糖精钠、甜蜜素等。使用甜味剂的目的是增加甜味感。

（1）糖精钠　又称可溶性糖精，是糖精的钠盐，一般含有两个结晶水，易失去结晶水而成无水糖精，性状为无色至白色结晶或晶体粉末，无臭或微有芳香气味，味极甜并微带苦，甜度为蔗糖的200~700倍。稀释1000倍的水溶液仍有甜味，阈值约为0.00048%。糖精钠易溶于水，溶解度随温度升高迅速增大，10%的水溶液呈中性，微溶于乙醇。耐热及耐碱性弱，酸性条件下加热甜味渐渐消失，溶液浓度大于0.026%则味苦。用于一般冷饮、饮料、果冻、冰棍、酱菜类、蜜饯、糕点、凉果、蛋白糖等。或应用于食品工业及糖尿病患者作甜化饮食，是普遍使用的人工合成甜味剂。

（2）甜蜜素　白色针状、片状结晶或结晶状粉末，无臭，味甜，其稀溶液的甜度为蔗糖的40~50倍，为无营养甜味剂。对热、光、空气稳定，加热后略有苦味，是食品生产中常用的添加剂。

根据我国《食品安全国家标准　食品添加剂使用标准》（GB 2760—2014）的规定，甜蜜素作为甜味剂，其使用范围为：酱菜、调味酱汁、配制酒、糕点、饼干、面包、雪糕、冰淇淋、冰棍、饮料等，其最大使用量为0.65克/千克；蜜饯最大使用量为1.0克/千克；陈皮、话梅、话李、杨梅干等，最大使用量8.0克/千克。

《食品安全国家标准　食品添加剂使用标准》中规定，膨化食品、小油炸食品在生产中不得使用甜蜜素和糖精钠、苯甲酸和山梨酸。

（二）膨松剂

膨松剂又称疏松剂、膨胀剂、膨大剂，是西点中重要的添加剂，使制品在烘焙、蒸煮、油炸时增大体积，改善组织，使之更适合于食用消化及形态变化，满足人们的消费需要。主要有化学膨松剂和生物膨松剂两大类。主要作用是能使成品体积增大，口感疏松柔软，增加制品美味感，有利于消化。

1．泡打粉

泡打粉又称"速发粉"或"泡大粉"，简称B.P，是一种化学膨松剂，是西点膨松剂的一种，经常用于蛋糕及西饼的制作。它是由苏打粉、酸性物质，并以玉米粉为填充剂，按一定比例混合而成的复合膨松剂，呈白色粉末状。泡打粉主要用于面制食品（如蛋糕、面包、饼干、包子、馒头等）的快速发酵膨松。

泡打粉虽然有苏打粉的成分，但是是经过精密检测后加入酸性粉（如塔塔粉）来平衡它的酸碱度，所以，虽然苏打粉是带碱物质，但是市售的泡打粉却是中性粉。因此，苏打粉和泡打粉是不能任意替换的。

泡打粉通常分为两种：一种是含铝泡打粉；另一种是无铝泡打粉。香甜泡打粉、油条精等属于含铝泡打粉，主要含有硫酸铝钾或硫酸铝铵成分；无铝泡打粉则不含。过量食用含铝量超标的食品是对人体有害的，容易造成老年性痴呆、骨质疏松、心血管疾病等，所以如果确实需要用到泡打粉，请尽量选用无铝泡打粉。

泡打粉又可以分为单效泡打粉和双效泡打粉，现在市面上普遍出售的都是双效泡打粉。单效泡打粉只需水分即可产生气体，与苏打粉一样，只用于调制完成后立即烘焙的产品；而双效泡打粉，在低温时即释放一些气体，但加热后才可完全反应，使用此类泡打粉制作蛋糕面糊时，在搅拌初期就可加入原料中。调制好的面糊，也不需要像苏打粉那样，立即烘烤，可以放置一段时间。

配方中不要加入过量的泡打粉，因为过量加入一方面会产生怪味；另一方面会由于膨胀过度使得产品松散易碎，而且，如果是烘烤蛋糕，蛋糕可能在成形之前就会因膨胀过大而塌陷。

2. 苏打粉

苏打粉学名"碳酸氢钠"，又称"小苏打""梳打粉"或"重曹"，简称B.S，是西点膨松剂的一种。它是一种易溶于水的白色碱性粉末，无色、无臭、味咸，属于化学膨松剂。苏打粉呈碱性，遇水和酸会释放出二氧化碳，使产品膨胀。此反应不需要加热（虽然提高温度可加快反应速度），因此，含有苏打粉的面粉或面糊，调制后必须马上烘焙，否则气体就会很快释放，膨胀效果就会随之消失。

苏打粉也经常被用来作为中和剂，一般作为饼干和甜酥饼的膨松剂，用量为0.3%~1.0%；碳酸氢钠分解后残留碳酸钠，使成品呈碱性，影响口味，使用不当时还会使成品表面呈黄色斑点。常用于酸性较重蛋糕配方中和西饼酸性，例如巧克力蛋糕。巧克力为酸性，大量使用时会使西点带有酸味，因此可使用少量的苏打粉作为膨大剂并且也中和其酸性。同时，苏打粉也有使巧克力加深颜色的效果，使它看起来更黑亮。

西点中加入过量的苏打粉，反而会使成品组织粗糙，影响风味甚至外观，因此使用上要注意分量。除了使西点有上述破坏风味或导致碱味太重的结果，食用过量会使人有心悸、嘴唇发麻、短暂失去味觉等症状。

3. 臭粉

臭粉，即碳酸氢铵，又称大起子，为白色结晶性粉末，有氨臭，易溶于水。对热不稳定，易风化。臭粉是化学膨松剂的一种，用在需疏松度较大的西饼之中，面包、蛋糕中几乎不用。

碳酸氢铵的产气量为碳酸氢钠的2~3倍。但由于碳酸氢铵分解速度过低，因而不能单独使用。碳酸氢铵与碳酸氢钠混合使用，可以减弱各自缺陷，获得较好的效果。主要有增加体积、使体积结构松软、组织内部气孔均匀的作用。

4. 酵母

酵母是一种肉眼看不见的单细胞的微生物，在营养和环境适宜的情况下，酵母可以大量增殖，最适应温度为27～28℃，最适宜pH为5～5.8，若低于2或高于8，活力受到严重影响。在增殖的同时，酵母因为生长繁殖而产生大量的二氧化碳气体，这样可以使面包发起，面包的体积增大。

酵母的作用如下：

①能使面包、饼干的体积膨胀，使产品疏松柔软。

②改善制品风味。

③提高制品营养价值，易于人体消化吸收。

影响酵母发酵的因素主要有温度、pH、渗透压、水、营养物质。

酵母的使用方法：

（1）鲜酵母　鲜酵母是浓缩酵母、压榨酵母，酵母液经过压榨后制成，水分小于75%，必须在0～4℃储存。

使用方法： 按配方所规定用量，加温水，经复活后即可使用。

（2）活性干酵母　鲜酵母经过低温干燥而成，或加入淀粉后压制成饼状或粒状，再经过低温干燥制成酵母粉或颗粒酵母，含水量小于10%。

使用方法： 在25～30℃的温水中，并加入糖，缓慢搅拌成均匀的酵母液，放置10～20分钟，待其表面产生大量气泡后即可使用。

（3）速效干酵母　即发活性干酵母，溶解和发酵速度快，不需要活化，可直接加入面粉中。

（三）增稠剂

增稠剂是一种能改善食品的物理性质，增加食品的黏稠性，赋予食品以柔滑适口性，且具有稳定乳化状态和悬浊状态作用的物质。增稠剂是一类能提高食品黏度并能改变性能的一类食品添加剂。

增稠剂为亲水性高分子胶体化合物，可水化而成高黏度的均相液，故常作为水溶胶、亲水胶或食用胶。在一定条件下，它们可以起到增稠、稳定、悬浮、胶凝、成膜、充气、乳化、润滑等作用。在西点中常用于某些馅料、装饰物的制作，起增稠、胶凝、稳定和装饰作用。主要品种有动物增稠剂，如明胶、酶蛋白酸钠等；微生物来源增稠剂，如黄原胶、环糊精等；常用的植物及海藻来源的增稠剂主要有：阿拉伯胶、罗望子多糖胶、田菁胶、琼脂、海藻酸钠、海藻酸丙二醇酯、卡拉胶（鹿角藻胶、角叉胶）、果胶、麦芽糊精、羧甲基纤维素钠、羧甲基淀粉钠、淀粉磷酸酯钠、羟丙基淀粉等。

1. 增稠剂的作用

（1）起泡作用和稳定泡沫作用　增稠剂可以发泡，形成网络结构，它的溶液在搅拌时形成小泡沫，可包含大量气体，并因液泡表面黏性增加使其稳定。如蛋糕、面包等食品中使用增稠剂CMC等作发泡剂。

（2）黏合作用　香肠中使用槐豆胶、鹿角藻胶的目的是使产品成为一个集聚体，均质后组织结构稳定。有润滑效果，并利用胶的强力保水性防止香肠在贮藏中失重。

（3）成膜作用　增稠剂能在食品表面形成非常光润的薄膜，可防止冰冻食品、固体粉末食品表面吸湿导致品质下降。

（4）用于生产低能食品　增稠剂都是大分子物质，许多来自天然胶质，在人体内几乎不被消化、吸收。所以用增稠剂代替部分糖浆、蛋白质溶液等原料，很容易降低食品的能量。并且像果胶、海藻酸钠还具有降低血液中胆固醇的作用，可用于生产保健食品。

（5）保水作用　在面制品中增稠剂可以改善面团的吸水性，调制面团时，增稠剂可以加速水分向蛋白质分子和淀粉颗粒渗透的速度，有利于调粉过程。增稠剂能吸收几十倍乃至上百倍于其含量的水分，并有持水性，这些特性可以改善面团的吸水量，增加产品重量。由于增稠剂有凝胶特性，使面制品弹性增强，淀粉α化程度提高，不易老化变干。

（6）掩蔽作用　增稠剂对一些不良的气味有掩蔽作用，其中环糊精效果较好。但绝不能将增稠剂用于腐败变质的食品。

2. 常用的增稠剂

琼脂

（1）琼脂　琼脂又称洋菜、琼胶、冻粉，是由红藻类的石花菜、江蓠、麒麟菜及同属其他藻类提取的一种以半乳糖为主要成分的一种高分子多糖，主要成分为琼脂糖和琼脂胶。琼脂为无色透明或类白色至淡黄色半透明细长薄片或为鳞状碎片、无色或淡黄色粉末，无臭，味淡，口感黏滑，吸水性和持水性高，冷水中不溶解，但能吸水膨胀为凝胶块，熔点为80～100℃，1%琼脂溶液在35～50℃时可形成坚实的凝胶。含水时柔软而带韧性，不易折断；干燥后发脆而易碎。

琼脂可用作增稠剂、乳化剂、凝胶剂和稳定剂。琼脂在糕点中常用作表面胶凝剂，或制成琼脂蛋白膏等装饰蛋糕及糕点表面，也可加入糕点馅中，以增加稠度。

由于琼脂吸水性强，使用前应先用水浸泡10小时左右。琼脂作为糕点的保鲜剂时，添加量为0.1%～1.0%。

在糕点生产中可与蛋白、糖等配合制成琼脂蛋白膏，用于各种裱花点心和蛋糕。

琼脂调味必须在琼脂加热时进行，边调味边搅拌，趁热浇于装有原料的模具中，冷却后即可食用。避免熬制时间过长，避免与酸、盐长时间共热，以免影响凝胶效果。

（2）啫喱粉　啫喱粉由天然海藻提制而成，为胶冻原料，是制作各式果冻、啫喱、布丁和慕斯等冷冻产品的主要原料之一。啫喱粉的啫喱是英文jelly的音译，是制作果冻的一种粉状原料，又称果冻粉。啫喱粉不仅仅是制作果冻的主料，利用它良好的稳定性能，煮成啫喱水，加入果占内还可以用作生日蛋糕的装饰，抹在弧形的蛋糕上面非常美观。

啫喱粉

（3）果胶　果胶是从植物果实中提取的由半乳糖醛酸缩合而成的一种酸性多糖类物质，与糖、酸、钙作用可形成凝胶，为常用增稠剂之一。

果胶主要成分是多缩半乳糖醛酸甲酯。存在于水果、蔬菜及其他植物细胞膜中，是天然高分子化合物，成品为白色至淡黄色无定性物，稍有特殊气味，易溶于水，对酸性溶液稳定，稍带酸味，口感黏滑，具有水溶性和良好的胶宁化和乳化稳定作用。溶于20倍水成乳白色黏稠状胶体溶液。与3倍或3倍以上砂糖混合则更易溶于水，对酸性溶液比较稳定。柑橘、柠檬、柚子等的果皮中约含30%果胶，是果胶的最为丰富来源。

果胶

果胶可与糖、酸、钙作用形成凝胶。水与果胶粉的比例为1：（0.02～0.03）即可形成良好的果冻。果胶分为果胶液、果胶粉和低甲氧基果胶三种，其中尤以果胶粉的应用最为普遍。

果胶可用作增稠剂、胶凝剂、稳定剂和乳化剂。用于果酱、果冻中可作为增稠剂和胶凝剂；或作为蛋黄酱的稳定剂；在糕点中起防硬化的作用。

在果冻制品中，果胶起凝胶作用，成品细腻，富有弹性和韧性，可增加香味，使口感光滑爽口，参考用量为0.3%～0.6%。

在乳制品中果胶起稳定、增稠作用，可延长制品的保存期，具有天然水果风味，参考用量为0.1%～0.3%。

在烘焙食品中，果胶可提高面团的透气性，增强口感，延长保质期，参考用量为面粉的0.3%～0.8%。

应用于慕斯蛋糕、奶油蛋糕表面涂抹造型，直接涂于奶油表面或装饰，增添光亮效果。涂在水果表面，保持水果水分不易流失，无须加热加水。

在西点制作中，果胶可作为果冻、果酱馅料等的用料。在食品工业中，果胶常用于低浓度果酱、果冻、果胶软糖、巧克力等食品中，用于提高产品品质，改善风味；也可用作冰淇淋、雪糕等冷饮食品的稳定剂；还可防止糕点硬化和提高干酪的品质等。

（4）卡拉胶　又称为麒麟菜胶、石花菜胶、鹿角菜胶、角叉菜胶，因为卡拉胶是从麒麟菜、石花菜、鹿角菜等红藻类海草中提炼出来的天然胶体，它的化学结构是由半乳糖及脱水半乳糖所组成的多糖类硫酸酯的钙、钾、钠、铵盐。广泛用于制造果冻、冰淇淋、糕点、软糖、罐头等。

卡拉胶为白色或浅褐色颗粒或粉末，无臭或微臭，口感黏滑。溶于约80℃水，形成黏性、透明或轻微乳白色的易流动溶液。如先用乙醇、甘油或饱和蔗糖水溶液浸湿，则较易分散于水中。与30倍的水煮沸10分钟的溶液，冷却后即成胶体。与水结合黏度增加，与蛋白质反应起乳化作用，使乳化液稳定。

卡拉胶

卡拉胶稳定性强，干粉长期放置不易降解。它在中性和碱性溶液中也很稳定，即使加热也不会水解，但在酸性溶液中（尤其是pH≤4.0），卡拉胶易发生酸水解，凝胶强度和黏度下降。值得注意的是，在中性条件下，若卡拉胶在高温下长时间加热，也会水解，导致凝胶强度降低。所有类型的卡拉胶都能溶解于热水与热牛奶中。溶于热水中能形成黏性透明或轻微乳白色的易流动溶液。卡拉胶在冷水中只能吸水膨胀而不能溶解。

卡拉胶作为一种很好的凝固剂，可取代通常的琼脂、明胶及果胶等。用琼脂做成的果冻弹性不足，价格较高；用明胶做成的果冻的缺点是凝固和融化点低，制备和储存都需要低温冷藏；用果胶做成果冻的缺点是需要加入高溶度的糖和调节适当的pH才能凝固。用卡拉胶制成的果冻富有弹性且没有离水性，因此，卡拉胶成为果冻常用的凝胶剂。

卡拉胶可使脂肪和其他固体成分分布均匀，防止乳成分分离和冰晶在制造与存放时增大，它能使冰淇淋和雪糕组织细腻，滑爽可口。

（5）黄原胶　黄原胶，俗称玉米糖胶、汉生胶，为白色或浅黄色的粉末，通常由玉米淀粉所制得，具有优良的增稠性、悬浮性、乳化性和水溶性，并具有良好的热、酸碱稳定性，所以被广泛应用于各种食品中。

黄原胶

黄原胶是国际上集增稠、悬浮、乳化、稳定于一体，性能最优越的生物胶。黄原胶的分子侧链末端含有丙酮酸基团的多少，对其性能有很大影响。黄原胶具有长链高分子的一般性能，但它比一般高分子含有较多的官能团，在特定条件下会显示独特性能。它在水溶液中的构象是多样的，不同条件下表现出不同的特性。

黄原胶的特性如下：

① 对热的稳定性：黄原胶溶液的黏度不会随温度的变化而发生很大的变化，一般的多糖因加热会发生黏度变化，但黄原胶的水溶液在10～80℃黏度几乎没有变化，即使低浓度的水溶液在较大的温度范围内仍然显示出稳定的高黏度。1%黄原胶溶液（含1%氯化钾）从25℃加热到120℃，其黏度仅降低3%。

② 对酸碱的稳定性：黄原胶溶液对酸碱十分稳定，在pH为5～10时其黏度不受影响，在pH小于4和大于11时黏度有轻微的变化。pH在3～11范围内，黏度最大值和最小值相差不到10%。

黄原胶能溶于多种酸溶液，如5%的硫酸、5%的硝酸、5%的乙酸、10%的盐酸和25%的磷酸，且这些黄原胶酸溶液在常温下相当稳定，数月之久仍不会发生改变。黄原胶也能溶于氢氧化钠溶液，并具有增稠特性，所形成的溶液在室温下十分稳定。黄原胶可被强氧化剂，如过氯酸、过硫酸降解，随温度升高，降解加速。

③ 对盐的稳定性：黄原胶溶液能和许多盐溶液（钾盐、钠盐、钙盐、镁盐等）混溶，黏度不受影响。在较高盐浓度条件下，甚至在饱和盐溶液中仍保持其溶解性而不发生沉淀和絮凝，其黏度几乎不受影响。

④ 对酶解反应的稳定性：黄原胶稳定的双螺旋结构使其具有极强的抗氧化和抗酶解能力，许多的酶类如蛋白酶、淀粉酶、纤维素酶和半纤维素酶等酶都不能使黄原胶降解。

⑤ 悬浮性和乳化性：黄原胶对不溶性固体和油滴具有良好的悬浮作用。黄原胶溶胶分子能形成超结合带状的螺旋共聚体，构成脆弱的类似胶的网状结构，所以能够支持固体颗粒、液滴和气泡的形态，显示出很强的乳化稳定作用和高悬浮能力。

⑥ 水溶性：黄原胶在水中能快速溶解，有很好的水溶性。特别在冷水中也能溶解，可省去繁杂的加工过程，使用方便。但由于它有极强的亲水性，如果直接加入水中而搅拌不充分，外层吸水膨胀成胶团，会阻止水分进入里层，从而影响作用的发挥，因此必须注意正确使用。黄原胶干粉或与盐、糖等干粉辅料拌匀后缓慢加入正在搅拌的水中，制成溶液使用。

⑦ 增稠性：黄原胶溶液具有低浓度高黏度的特性（1%水溶液的黏度相当于明胶的100倍），是一种高效的增稠剂。

⑧ 假塑性：黄原胶水溶液在静态或低剪切作用下具有高黏度，在高剪切作用下表现为黏度急剧下降，但分子结构不变。而当剪切力消除时，则立即恢复原有的黏度。剪切力和黏度的关系是完全可塑的。黄原胶假塑性非常突出，这种假塑性对稳定悬浮液、乳浊液极为有效。

黄原胶的作用如下：

① 黄原胶用于焙烤食品（面包、蛋糕等）可提高焙烤食品在焙烤和贮存时期的保水性和松软性以改善焙烤食品的口感和延长货架期。

② 黄原胶在肉制品中起到嫩化和提高持水性的作用。

③ 黄原胶在冷冻食品中有增稠、稳定食品结构的作用。

④ 在果酱中加入黄原胶，可以改善口感和持水性，提高产品的品质。

⑤ 用于饮料可以起到增稠、悬浮作用，使口感滑爽、风味自然。

⑥ 在冰淇淋和乳制品中使用黄原胶（与瓜尔胶、槐豆胶复配使用），可使制品稳定。

⑦ 黄原胶与卡拉胶、槐豆胶等复配也常用于果冻和糖果加工中。

自1996年允许作为食品添加剂使用以来，黄原胶已被食品工业广泛接受，因为在低浓度下就能提供优良的加工和储藏稳定性。按照《食品安全国家标准 食品添加剂使用标准》，黄原胶可以用于面包、冰淇淋、乳制品、肉制品、果酱、果冻、饮料中。

（6）*动物性凝胶剂*　动物性凝胶可分为两类。

① 明胶：明胶又称食用明胶、鱼胶、吉利丁，是从动物的皮、骨、韧带、肌腱中提取的高分子多肽。成品为白色或淡黄色半透明的薄片或粉末，在热水中溶解成溶胶，冷却后成为凝胶。

明胶是一种无脂肪的高蛋白，且不含胆固醇，是一种天然营养型的食品增稠剂，有利于食物消化，广泛应用于果冻、乳冻、慕斯等西点制作中。明胶可用作增稠剂、稳定剂、澄清剂和发泡剂。明胶是制作大型糖粉西点所不可缺少的，也是制作冷冻点心的一种主要原料。

明胶为白色或淡黄色透明至半透明带有光泽的脆性薄片、颗粒或粉末，无臭，无味，不溶于冷水，可溶于热水，能缓慢地吸收5～10倍的冷水而膨胀软化，当它吸收2倍以上的水时加热至40℃便融化成溶胶，冷却后形成柔软而有弹性的凝胶，比琼脂的胶冻韧性强。

有粉状和片状两种不同的形态，片状的呈半透明黄褐色，需要提前用冰一些的水浸泡5分钟后使用，这样可使其吸足水分，更容易与其他液体混合，并能有效去除它的腥味。使用时将泡软的吉利丁片放入温热（一般65℃左右）的液体中，搅拌一会即可融化，晾凉后变得浓稠甚至凝固，如需要让其变软可再加热。粉状的吉利丁功效和片状相同，使用时也是先倒入冰水中，使粉末吸收足够的水分膨胀，然后再搅拌加温至融化。

鱼胶粉是明胶的一种，是提取自鱼鳔、鱼皮加工制成的一种蛋白质凝胶。鱼胶粉的用途非常广泛，不但可以自制果冻，更是制作慕斯蛋糕等各种甜点不可或缺的原料。鱼胶粉是纯蛋白质成分，不含淀粉，不含脂肪。相对于成品的果冻粉，鱼胶粉的用量更省，且不含香精、色素等添加成分，在制作过程中可以随心所欲调整口味，加入咖啡、果汁、绿茶粉、椰浆等制成各种风味独特的果冻，自己动手，不必担心会有防腐剂等其他有害成分，吃得更放心。

② 皮冻：皮冻又称皮质或皮汤，是以新鲜的猪皮为原料，去净杂毛和脂肪后，加入水或鲜汤煮制、凝结而成的胶冻。主要成分为胶原蛋白，与酸、碱共热后会丧失凝胶性。

皮冻可直接用作凉拌菜的主料或配料，也常用于汤包馅心的调制。根据皮冻的硬度可以分为硬冻和软冻两种。加工硬冻时，猪皮与水的比例为1：1～1：1.5，多用于夏季；加工软冻时，猪皮与水的比例为1：2～1：2.5，多用于冬季。

（四）面团改良剂

改良剂是指那些能调节或改变面团的特性、使面团适合工艺要求、提高产品品质的添加剂。改善面团的流变特性，提高面团的操作性能和机械加工性能。改良剂可显著增大成品面积约10%～30%，使成品表面光滑、洁白、细腻、亮泽，使成品内部组织结构均匀、细密，使成品柔软、弹性好，口感绵软筋道。

市售的改良剂有粉状和膏状两种。粉状改良剂的成分为：面粉、黄豆粉、乳化剂、糖及一些维生素C；膏状改良剂的成分为：盐类矿物质、维生素C或蛋白质酵素、乳化剂。

1. 面包改良剂

面包改良剂用在面包配方内可促进面包柔软和增加面包烘烤弹性。由酶制剂、维生素、乳化剂、氧化剂、淀粉等原料制成。

面包改良剂一般是由乳化剂、氧化剂、酶制剂、无机盐和填充剂等组成的复配型食品添加剂，主要用于面包制作，起到增强面筋，提高加工性能，加快面团成熟，使面包易于整形，改善面包组织结构，保持面包长时间的柔软性能，有效延缓面包老化。在使用面包改良剂过程中要注意使用成分和量的掌握，因为有的成分属于健康违禁用品，而过量使用会产生副作用。面包改良剂用量少，适用于酵母发酵的各类面团，尤其是筋力不足面粉，能有效地扩展面筋；提高面团的吸水性，增大面包体积，改善面包组织，提高面团发酵的稳定性。

选用面包改良剂时，首先要详细阅读每种面包改良剂的使用说明书，清楚地了解所选用面包改良剂的性能、主要作用、添加量和使用方法，要特别注意观察每种面包改良剂的组成成分，其主要用途是否与自己选用面包改良剂的目的相一致。添加量过少，达不到使用效果；添加量过多，会起副作用。使用方法不当，如搅拌面团时与其他配料混合不均匀，也达不到使用效果。又如，面包改良剂中都有酶制剂，北方冬天寒冷，搅拌面团时应先加热水后加改良剂。

面包改良剂是食品添加剂的一种，如果按照国家规定范围和使用量来使用食品添加剂是安全的。大品牌一般选用正规厂家生产的面包改良剂，因为比较安全、高效。同时大品牌可保证产品不出现品质问题而影响品牌形象。

2. 蛋糕改良剂

一般使用蛋糕改良剂在制作蛋糕时，能降低面糊的表面张力，因此可以使面糊能够强烈且快速地起泡，即使加了面粉之后，也能负担起面粉的重量而使面糊起泡，使蛋糕成品有更蓬松的组织与高大的体积。使用蛋糕改良剂可缩短面糊的打发时间，增加蛋糕质地柔软性，延缓蛋糕的老化。

3. 小麦蛋白

小麦蛋白又称"活性面筋粉"，可以用来增加面粉筋度。

小麦蛋白同时又可作为面包的筋性改良剂，主要作用是增大面包体积和改善烘焙性质。一般说来，面粉内所含的蛋白质越高，做出的面包体积越大。同时，因为面粉中的面筋增加，面筋可以保持更多的水分，面筋结构在面包内缓冲淀粉分子之间互相结合，减轻淀粉的退化作用，使面包硬化的时间减缓。使用时可以面粉用量的5%～6%加入。

（五）增香剂

增香剂是以改善、增加食品香气为主要目的的食品添加剂，包括香料和香精两大类。香料按不同来源可分为天然香料和合成原料。香精是由数种或数十种香料调和而成的复合香料。

增香剂的选择要考虑到产品本身的风味和消费者的习惯。一般应选用与制品本身香味协调的香型，而且加入量不宜过多，不能掩盖或损害原有的天然风味。

增香剂是指能显著增加食品、饮料和酒类等的原有风味，尤其是能增加香味和甜味的食品添加剂，也叫香味增效剂或香味改良剂。有些增香剂本身也是一种香料，它具有用量极少而增香效果显著，并可直接加入食品中的特点。特别是在人工还不能完全模拟自然风味时，将增香剂加入食品中，增强食品原有风味和改良合成香精、香料的风味，对提高产品品质、满足人民生活需要，是行之有效的方法。

香料按来源可分为：天然香料和人工合成香料。天然香料是植物性香料，人工合成香料是以石油化工产品为原料，经合成而得到的化学物质。

最常见的天然香料主要有柠檬油、甜橙油、咖啡油和香草枝。人工合成香料一般不单独使用，多数配制成香精后使用，人工合成香料主要有乙基麦芽酚、香兰素和香精。

（1）香精　有油质、酒精、水质、粉状、浓缩和人工合成等区别，浓度和用量均不一样，使用前需察看说明再决定。

（2）香料　多数由植物种子、花、蕾、皮、叶等所研制，具有强烈味道。

天然香草粉是从香草豆荚中提取而成的增香型香料，是很金贵的植物香料，粉质细腻，带有自然醇正、浓郁扑鼻的香草味，可耐高温烘焙，适用于点心、蛋糕、冰淇淋等，增加成品的口感及香气，还能去除鸡蛋的腥味。

还有一种天然香草精，作用与香草粉等同，但因为是浓缩香精，所以用量不宜太多，以免过于浓重的香草味覆盖了糕点原本应有的味道。

特别注意，市面上还有人工香草粉和香草精，是由人工合成香兰素调配出来的，虽然味道差不多，但是差异颇大。

在西点制作中除使用奶油、巧克力、乳品、蛋品、果酒等自然风味的原料外，还往往使用香精、香料，以增强或调节点心原有的风味。

1. 卡仕达粉

卡仕达粉，又称吉士粉，是一种香料粉，呈粉末状，浅黄色或浅橙黄色，具有浓郁的奶香味和果香味，是由疏松剂、稳定剂、食用香精、食用色素、奶粉、淀粉和填充剂组合而成。卡仕达粉在西餐中主要用于制作糕点和布丁。卡仕达粉易溶化，适用于软、香、滑的冷热甜点之中（如蛋糕、蛋卷、包馅、面包、蛋挞等糕点中），主要取其特殊的香气和味道，是一种较理想的食品香料粉。

常见的卡仕达粉有奶味卡仕达粉、普通卡士达粉、即溶卡仕达粉等。其中即溶卡仕达粉是一种常用香料粉，通常用于面包、西点表面装饰或内部配馅和夹心，可在冷水中直接溶解使用，是一种即用即食型的馅料配料。传统的卡仕达粉需要加水后加热到淀粉的糊化温度（60～70℃），冷却后方可使用，过程较烦琐。

卡仕达粉具有四大优点：一是增香，能使制品产生浓郁的奶香味和果香味；二是增色，在糊浆中加入卡仕达粉能产生鲜黄色；三是增加松脆性并能使制品定型，在膨松类的糊浆中加入卡仕达粉，经炸制后制品松脆而不软瘪，形态美观；四是增强黏滑性，在一些菜肴勾芡时加入卡仕达粉，能产生黏滑性，具有良好的勾芡效果且芡汁透明度好。

卡仕达粉

2. 塔塔粉

塔塔粉学名为酒石酸氢钾，它是制作戚风蛋糕必不可少的原材料之一。塔塔粉是一种酸性的白色粉末，属于食品添加剂类，蛋糕房在蛋糕制作时的主要用途是帮助蛋清打发以及中和蛋清的碱性，因为蛋清的碱性很强。而且蛋储存得越久，蛋清的碱性就越强，而用大量蛋清制作的食物都有碱味且色带黄，加了塔塔粉不但可中和碱味，颜色也会较雪白。

戚风蛋糕是利用蛋清来起发的，蛋清是偏碱性的，pH达到7.6，而蛋清在偏酸的环境下也就是pH在4.6～4.8时才能形成膨松安定的泡沫，起发后才能添加大量的其他配料下去。戚风蛋糕正是将蛋清和蛋黄分开搅拌，蛋清搅拌起发后需要拌入蛋黄部分的面糊下去，没有添加塔塔粉的蛋清虽然能打发，但是要加入蛋黄面糊下去则会下陷，不能成形。所以可以利用塔塔粉的这一特性来达到最佳效果。它的添加量是全蛋的0.6%～1.5%，与蛋清部分的砂糖一起拌匀加入。

塔塔粉

3. 香草粉

草本香料因其天然成分而大量使用，除了香气很丰富外，也能增强食品的口感及食品本身的独特香气。表面性状为白色细粒结晶的粉末是食品工业生产中常用的香料，应用于饮料及烘焙食品，应实际需要使用。建议使用量为0.1%～0.2%，过度使用对人体有害。

香草粉

天然香草粉是用香草豆（香荚兰豆）为原料磨成的粉末。它和市面上用人工合成香兰素调配出来的所谓"香草粉"完全不同。两者可以通过产品成分标签内容看出区别。天然香草粉具有自然浓郁的香草风味，可以耐高温烘焙，适合中高档糕点、食品使用。当然价格也相对较高。

另外，天然香草豆提取物也有粉末状产品，可以称为香草粉，同样是香草在食品工业中应用的良好原料。

4. 咖啡粉

咖啡粉咖啡味醇香浓，酸甘适中，品种繁多，风味特殊。

咖啡粉

经水洗的咖啡豆，是颇负盛名的优质咖啡，常单品饮用，也可以用几种咖啡组配成综合咖啡。在西点制作中常常用于调色和调味。

5．绿茶粉

绿茶粉是采用幼嫩茶叶经脱水干燥后，在低温状态下将茶叶瞬间粉碎成200目以上的纯天然茶叶超微细粉，常用在蛋糕、面包、饼干或冰淇淋中以增加产品的风味。

绿茶粉

（六）食用色素

食用色素是以食品着色为目的食品添加剂。来自动植物的烹饪原料具有不同的色泽，但在烹调加工过程中由于加热、遇酸、氧化等而导致褪色或变色。所以，有时可通过使用食用色素改善、强化、赋予菜点色泽。食用色素按照来源的不同，可分为天然食用色素和合成食用色素两大类。

食用天然色素是指从生物体组织中直接提取的色素。按照来源可分为植物色素、动物色素和微生物色素。植物色素如胡萝卜素、叶绿素、姜黄、可可粉等；动物色素如紫胶虫色素、胭脂虫色素等；微生物色素有红曲色素和核黄素等。

食用天然色素具有调色自然、色彩丰富、安全性较高、有一定的营养和药理作用等优点；但同时也具有溶解性差、不易均匀染色、有的有异味、着色能力差、色调不稳定、难以任意调色、成本高等缺点。

我国允许使用的天然食用色素有红曲色素、紫胶虫色素、甜菜红、辣椒红、越橘红、姜黄色素、红花黄、栀子黄、β-胡萝卜素、叶绿素、焦糖色素等。

合成食用色素具有色彩鲜艳、性质稳定、着色能力强、可任意调色、成本低廉、使用方便的优点；但安全性低，有致畸、致癌等毒副作用，没有营养价值，色调不自然。

1．天然色素

天然色素是指从自然界动植物体中直接提取的色素，基本上是植物色素，也有一些动物色素和微生物色素。

（1）红曲色素　红曲色素又称红曲，是将红曲霉属中的红曲霉、紫红红曲霉等菌种接种于蒸熟的大米后经培育而得到的制品。成品为不规则的红色米粒，外表呈棕红色或紫红色，质清脆，微有酸味。提取出的红曲色素纯品为针状结晶，熔点为136℃，不溶于水，可溶于乙醇、丙酮、醋酸等有机溶剂。红曲色素色调鲜艳有光泽，不易改变，且较稳定，以蛋白质染着性好。

（2）姜黄素　姜黄素是由姜科多年生草本植物姜黄的根状茎中提取的黄色色素。纯品为橙色粉末，有胡椒芳香，稍带苦味；不溶于冷水，溶于乙醇、丙二醇，易溶于冰醋酸和碱溶液；

在碱性溶液中呈红褐色，在中性、酸性溶液中呈黄色，易因铁离子存在而变色；耐还原性、染着性强，但耐光性、耐热性差。可用于食品的着色。

（3）叶绿素铜钠 叶绿素铜钠是以绿色植物或干燥蚕沙为原料，用酒精或丙酮等提取叶绿素，再使之与硫酸铜或氧化铜作用，由铜取代叶绿素中的镁，再用苛性钠溶液皂化制成膏状或粉末。

在西点中作为西点绿色色素使用，起到增加绿色或点缀的作用。

（4）甜菜红 甜菜红是从红甜菜的肉质根中提取的有色化合物的总称。成品为红色或红紫色的结晶样粉末；可溶于水，微溶于乙醇，不溶于无水乙醇；水溶液呈红色至紫红色；染着性好，但耐热性较差。

甜菜红可对多种食品染色，着色均匀，色泽鲜艳，稳定性强，无任何杂味和异味，食用安全性很高。使用量一般为0.5～5.0克/千克。

（5）紫胶虫色素 紫胶虫色素又称紫胶色素、虫胶色素，是昆虫纲同翅目胶蚧科的紫胶虫在寄主植物上分泌的紫胶原胶中的一种色素成分。主产于东南亚和我国四川、云南、台湾等地。纯品在pH小于4.5时为橙黄色，在pH为4.5～5.5时为橙红色，pH大于5.5时为紫红色。

紫胶虫色素多用于食品的着色。最大使用量为0.5克/千克。

（6）焦糖色素 焦糖色素又称焦糖色、酱色，是以糖类物质为原料在160～180℃的高温下加热发生焦糖化反应后而得到的制品。成品为红褐色或黑褐色的胶状物或固体。

2．人工合成色素

人工合成色素是指用人工制取的方法制取的食用色素。一般较天然色素色彩鲜艳，坚牢度大，性质稳定，着色能取得任意色调，成本低廉，使用方便。但安全性低，超过规定用量时都有程度不等的毒性，无营养价值，各国对其都有严格控制的使用量。

根据我国2014年颁布的《食品安全国家标准 食品添加剂使用标准》规定，允许使用苋菜红、胭脂红、柠檬黄、日落黄、靛蓝五种食用合成色素。

（七）乳化剂

乳化剂是面团的表面活性剂，具有降低界面张力，在分散相表面形成保护膜。乳化剂分子结构的两亲性特点，使乳化剂具有了油、水两相，产生水乳交融效果的特殊功能。

1．乳化剂的分类

按加工与否可分为天然乳化剂和人工乳化剂。
天然乳化剂包括大豆磷脂、卵磷脂，主要成分是卵磷脂、脑磷脂和肌醇磷脂等。
合成乳化剂包括蔗糖脂肪酸酯、单甘脂、硬脂酰乳化钙。
按离子的类型划分，可分为离子型乳化剂和非离子型乳化剂。

乳化剂性质的差异，除与烃基的大小、形状有关外，还主要与亲水基团的不同有关，亲水基团的变化比疏水基团要大得多，因而乳化剂的分类，一般也就以亲水基团的结构，即按离子的类型来划分。

（1）离子型乳化剂   当乳化剂溶于水时，凡是能离解成离子的，称为离子型乳化剂。如果乳化剂溶于水后离解成一个较小的阳离子和一个较大的包括烃基的阴离子基团，且起作用的是阴离子基团，称为阴离子型乳化剂。如果乳化剂溶于水后离解生成的是较小的阴离子和一个较大的阳离子基团，且发挥作用的是阳离子基团，这个乳化剂称为阳离子型乳化剂。两性乳化剂分子也是由亲油的非极性部分和亲水的极性部分构成，特殊的是亲水的极性部分既包含阴离子，也包含阳离子。

在离子型乳化剂工业中，阴离子型乳化剂是发展得最早、产量最大、品种最多、工业化最成功的一类。食品工业中常用的阴离子型乳化剂有烷基羧酸盐、磷酸盐等，常用的两性乳化剂有卵磷脂等。阳离子型乳化剂在食品工业中应用较少。

（2）非离子型乳化剂   非离子型乳化剂在水中不电离，溶于水时，疏水基和亲水基在同一分子上分别起到亲油和亲水的作用。正是因为非离子型乳化剂在水中不电离，也不形成离子这一特点，使得非离子型乳化剂在某些方面具有比离子型乳化剂更为优越的性能。

以上的分类，是按照乳化剂的结构特点进行的。实际生产中，也有根据乳化剂的亲水、亲油相对强弱进行分类，分亲水性乳化剂和亲油性乳化剂。一般地说，亲水性强的乳化剂形成的主要是水包油型乳浊液，亲油性强的乳化剂形成的主要是油包水型乳浊液。但是用乳化剂配制乳浊液时，不仅要受乳化剂本身的影响，还要受体系中物质组成，如pH、温度等条件的影响。

2. 乳化剂在烘焙食品中的作用

①与油脂作用形成稳定的乳化液，防止面粉成分中凝结晶块的产生，使制品疏松、细腻，触感、口感等得到改善。

②与蛋白质作用形成面筋蛋白复合物，促进蛋白质分子间相互结合，使面筋网络更加致密而富有弹性，持气性增强，从而使制品的体积增大。

③与直链淀粉作用形成不溶性复合物，阻碍可溶性淀粉的溶出，从而减少直链淀粉在糊化时对淀粉粒间的黏结力，使面包松软。

④抗老化作用，对面团的改良作用可防止产品老化，改善内部组织结构，保持新鲜。

3. 常用的乳化剂

西点中使用最多的乳化剂有硬脂酰乳酸钠、硬脂酰乳酸钙、双乙酰酒石酸单甘油酯、蔗糖脂肪酸酯、蒸馏单甘酯等。各种乳化剂通过面粉中的淀粉和蛋白质相互作用，形成复杂的复合体，起到增强面筋，提高加工性能，改善面包组织，延长保鲜期等作用，添加量一般为0.2%～0.5%。

（1）硬脂酰乳酸钠/钙　具有强筋的保鲜作用。一方面，与蛋白质发生强烈的相互作用，形成面筋蛋白复合物，使面筋网络更加细致而有弹性，改善酵母发酵面团持气性，使烘烤出来的面包体积增大；另一方面，与直链淀粉相互作用，形成不溶性复合物，从而抑制直链淀粉的老化，保持烘烤面包的新鲜度。硬脂酰乳酸钠/钙在增大面包体积的同时，能提高面包的柔软度，但与其他乳化剂复配使用，其优良作用效果会减弱。

（2）双乙酰酒石酸单甘油酯　能与蛋白质发生强烈的相互作用，改进发酵面团的持气性，从而增大面包的体积和弹性，这种作用在调制软质面粉时更为明显。如果单从增大面包体积的角度考虑，双乙酰酒石酸单甘油酯在众多的乳化剂当中的效果是最好的，也是溴酸钾替代物的一种理想途径。

（3）蔗糖脂肪酸酯　在面包品质改良剂中使用最多的是蔗糖单脂肪酸酯，它能提高面包的酥脆性，改善淀粉糊黏度以及面包体积和蜂窝结构，并有防止老化的作用。采用冷藏面团制作面包时，添加蔗糖酯可以有效防止面团冷藏变性。

蔗糖脂肪酸酯一般是由脂肪酸的低碳醇酯和蔗糖酯交换而得到，是性能优良、高效而安全的乳化剂，广泛应用在饮料、面包、糖果糕点、方便食品中。例如可给冰淇淋良好的组织与质地，使冰晶细小，口感细腻，提高膨胀率，增强抗溶性，在温度剧变的情况下，能确保冰淇淋长时间保持细腻、润滑的结构。

（4）蒸馏单甘酯　主要功能是作为面包组织软化剂，对面包起抗老化保鲜的作用，并且常与其他乳化剂复配使用，起协同增效的作用。

（5）丙二醇脂肪酸酯　主要用于西点中，如蛋糕制作，乳化性不强，常与甘油脂肪酸酯复配使用，可提高乳化效果。

（6）大豆磷脂　简称磷脂，是大豆油加工中得到的副产品。水蒸气通过原豆油中，磷脂与水蒸气一起蒸出，冷却后磷脂胶状物沉淀下来，经离心脱水、减压干燥得粗晶磷脂，粗晶磷脂精制后得到膏状、液状和粉状精制产品。

第四节　香草和香料

一、香草与香料概述

香草大多盛产于地中海沿岸地区，尤其在意大利和希腊。香草的主要作用是增香去腥，柔嫩型香草更具一份装饰性。不同香草有着不同风味，所以在实际运用中更多是混合使用，如比萨等料理都使用了多种香草。香草是在西点里应用十分广泛，常用作乳酪蛋糕、曲奇、戚风蛋糕、焦糖布丁、冰淇淋等。

香料是能够用于调配食品香味，并使食品增香的物质。它不但能够增进食欲，有利消化吸收，而且对增加食品的花色品种和提高食品品质具有很重要的作用。食品香料按其来源和制造方法等的不同，通常分为天然香料、天然等同香料和人工合成香料三类。

（1）天然香料   是用纯粹物理方法从天然芳香植物或动物原料中分离得到的物质。通常认为它们安全性高，包括精油、酊剂、浸膏、净油和辛香料油树脂等。

（2）天然等同香料   是用合成方法得到或由天然芳香原料经化学过程分离得到的物质。这些物质与供人类消费的天然产品（不管是否加工过）中存在的物质，在化学上是相同的。这类香料品种很多，占食品香料的大多数，对调配食品香精十分重要。

（3）人工合成香料   是在供人类消费的天然产品（不管是否加工过）中尚未发现的香味物质。此类香料品种较少，它们是用化学合成方法制成，且其化学结构迄今在自然界中尚未发现存在。基于此，这类香料的安全性引起人们极大关注。在我国，凡列入GB/T 14156—2009《食品用香料分类和编码》中的这类香料，均经过一定的毒理学评价，并被认为对人体无害（在一定的剂量条件下）。其中除了经过充分毒理学评价的个别品种外，目前均列为暂时许可使用。但是，值得注意的是，随着科学技术和人们认识的不断深入发展，有些原属人造香料的品种，在天然食品中发现有所存在，因而可以列为天然等同香料。例如我国许可使用的人造香料己酸烯丙酯，国际上现已将其改列为天然等同香料。

食品香料是一类特殊的食品添加剂，其品种多、用量小，大多存在于天然食品中。由于其本身强烈的香和味，在食品中的用量常受自身限制。目前世界上所使用的食品香料品种近2000种。我国已经批准使用的品种也在1000种左右。关于我国批准许可使用的食品香料品种名单参见《食用安全国家标准   食品添加剂使用标准》。

二、西点制作中常用的香草

香草通常被认为是植物的绿色部分，一般指叶子，有时候也会用到茎。新鲜香草和干香草都可以使用，当香草干燥时，水分去除，香草的精油赋予香草香味。具体应用中，以新鲜香草应用较多。

1. 罗勒

罗勒是一种温暖气候条件下生长的草本植物，有丁香般的芳香，其气味清爽略甜，最常用于香草酱中，而且和番茄的味道非常相配。罗勒是意大利菜中使用最频繁、最具代表性的一种香草，有很多品种，常见的有甜罗勒、柠檬罗勒、丁香罗

罗勒

勒、紫罗勒等。

甜罗勒叶片较嫩，散发淡淡的清香，遇热易变黑，不耐煮。罗勒和番茄是最经典的搭配，主要用于制作青酱、玛格丽特比萨和各种沙拉的调味。罗勒本身装饰性较强，常用于西点装饰。

2. 迷迭香

和罗勒一样，迷迭香是意大利最具代表性的香草。叶片质地坚硬，呈针状，叶子细狭长形，比一般常见薰衣草再细一些，特征是有辛辣和樟脑气味，略带苦味的清香，可去除肉类的腥味，但由于气味较重，要控制使用分量。

迷迭香

迷迭香香味浓郁，久煮不散，带有松香、茶香。意式佛卡夏面包用到迷迭香。但要注意迷迭香少量使用会有淡淡的草木香，放多了会发苦。用橄榄油浸泡迷迭香，拌入沙拉或蘸面包都非常不错。迷迭香与欧芹（荷兰芹）、甜罗勒皆是应用最广泛的香草。可生吃，但味道会比较浓郁。

3. 香芹

香芹又称法国香菜、荷兰芹、欧芹，风味清新，与芹菜相近，但味道略重于芹菜，在意大利菜和法国菜的应用频率很高，在西点中应用不多。香芹温和百搭，常用作掩饰其他食材中过强的异味而使之变得清香。吃蒜后嚼一点香芹叶，可消除口齿中的异味。香芹可分为平叶香芹和卷叶香芹，平叶香芹用于调味。

香芹

4. 薄荷

薄荷是原产于地中海的紫苏科植物，有清新凉爽的香味，清冽的芳香，提神醒脑，最常用于饮料的调制和甜品的装饰。和番茄、芝士的味道很相配，做薄饼时少不了它。薄荷原生品种有600多种，除了西餐常用的绿薄荷外，还有胡椒薄荷、巧克力薄荷、日本薄荷、茱莉亚甜薄荷等。绿薄荷又称荷兰薄荷，口感软嫩，口味清甜，香气、凉度适中，不像茱莉亚甜薄荷有凉度过呛的特性，也不像巧克力薄荷、日本薄荷有柳橙、葡萄柚般的特殊口味，在西点中常成为柠檬派等甜点的装饰，可以生吃。

薄荷

5. 莳萝

莳萝和茴香很容易被搞混。莳萝植株外形与茴香相似，但

莳萝

味道确实不同。莳萝味道清淡，香气清凉，温和不刺激，味道偏辛香甘甜。莳萝叶有"鱼之香草"的美誉，经常与奶油或乳酪搭配制作酱汁，用于西点制作中。

6. 百里香

百里香又名"麝香草"，是一种有强烈芳香气味的草本植物，具有浓郁、辛辣刺激的味道和清爽甘甜的香气，常用于法国、意大利、中东料理中。通常只使用叶片部分，即使长时间烹调也不失香味，因此非常适合用在烤烘上。西点中常用于增加一些面包的香气。

百里香

7. 柠檬香茅

柠檬香茅是一种热带亚洲草的下层叶茎，有柠檬的香味，外形容易令人误会是芒草，用手凹折叶面，会散发柠檬般香气，是制作咖喱时的必备食材，也是西点馅料的调味品。

柠檬香茅

8. 鼠尾草

鼠尾草属紫苏科草本植物，其柔软的芳香叶子有一种刺激的气味。它有着很高的药用价值，有抗菌、镇静的功效。香味浓烈，略带苦涩，能增添香气。与忌廉或鲜忌廉味道非常相配，用它做的鼠尾草忌廉酱是调味的代表。

鼠尾草

9. 虾荑葱

虾荑葱又称作西洋胡葱，虽属葱的一科，但味道较温和，切碎后可用作西点的装饰物，增添颜色。

10. 月桂叶

月桂树的叶子，也叫甜月桂、伙伴月桂，新鲜的叶子辛辣芳香，用途极广。月桂叶的外形则像是茶花的叶子，用手将月桂叶撕裂出缺口，即可闻到甘草般甜甜的芳香，常用于调味和制作牛奶布丁。

虾荑葱

11. 牛至

牛至是一种野生马郁兰，希腊称为里加尼，又名比萨草、

月桂叶

奥勒冈叶，因为在比萨中常用到牛至调味，所以比萨草是它更广为人知的名字。牛至有较刺激的香味，香中带苦。具有圆尖形的叶子、红色的叶梗，并带有茸毛，具有浓郁的香气，生吃会有微微的辛辣感。

牛至单用苦味比较重，会和其他香料搭配使用。直接摘取生鲜枝叶，加入肉类料理中可改善腥味，通常多使用干燥品，和番茄、乳酪的味道很相配。

牛至

12. 龙蒿

龙蒿为多年生草本植物，原产于亚洲，后来才传入欧洲，味道和中餐常用的调料八角有相似之处，浓郁但不冲人，属于温和雅致一类香草。品种上有法国龙蒿、德国龙蒿和俄罗斯龙蒿等。其中以法国龙蒿为最好，俄罗斯龙蒿最差。法国龙蒿外形与俄罗斯龙蒿非常很相似，外表普通人难以区分，但前者味道浓，闻着就有明显的八角的味道，放在嘴里咀嚼，有一种奇特的酸味和茴香风味，俄罗斯龙蒿几乎没有什么风味。

龙蒿

13. 薰衣草

薰衣草是品种较多的一类香草，多年生，是很好的庭院植物，气味雅致，观赏、入馔两相宜。地中海地区特别是法国南部普罗旺斯地区经常使用，普罗旺斯香草面包用了很多的薰衣草。

薰衣草

14. 柠檬马鞭草

柠檬马鞭草具有强烈的柠檬香味，是一种阿洛伊西亚灌木，富含柠檬醛挥发油，主要用于西式甜点。成品有柠檬的香味但没有柠檬的酸味。

柠檬马鞭草

15. 天竺葵

天竺葵属于芳香植物，香味浓郁，叶片如天鹅绒一般。可以赋予糖浆、蛋奶酱、蛋糕和果冻香味。

天竺葵

16. 小地榆

小地榆是一种柔软的草本植物，有一种微妙的、清凉的、

小地榆

黄瓜般的香味和味道，可生食，常用来制作沙拉、三明治。

17．玫瑰及蜜玫瑰

玫瑰是蔷薇属植物的花卉，花朵带有香气，多用于制作蜜饯或用于装饰，也可夹在三明治中生食，也可用于甜点。

蜜玫瑰是将蔷薇科植物玫瑰的花朵用糖腌渍而成的花香调味品，含有玫瑰油、丁香油酚、香茅醇等成分，有浓郁的芳香味。在西点中一般用作点心的馅料或增香料。

玫瑰

18．紫苏

紫苏又称为白苏，为伞形科一年生草本植物紫苏的茎叶体。原产于我国、日本、印度等国家。

紫苏鲜叶片及嫩茎中含有特殊的芳香挥发油，主要成分为紫苏醛、紫苏酮、柠檬烯等。

蜜玫瑰

三、西点制作中常用的香料

1．八角

八角是蓇葖果聚集成的聚合蓇葖果，蓇葖顶端钝或钝尖，稍有些反曲。每一蓇葖内含一枚种子，直径约3.5厘米，色紫褐或浅褐，味道微辣并带有甜味。八角籽常被磨成粉用来制作蛋糕、饼干、面包等，制作饼干或面包时可直接将其加入面团中，或是撒在西点表面再进行烘烤。

需注意同属的东毒茴、莽草等的聚合蓇葖果均有剧毒，若误食，则会危及生命。

紫苏

八角

2．丁香

丁香又称丁香子、鸡舌，为桃金娘科常绿小乔木丁香的干燥花蕾。原产于印度尼西亚马鲁古群岛，现世界许多国家都有栽培。

当丁香花蕾长约1.5厘米、颜色已变红但未开放时，将其干制即得到铁钉状的干燥花蕾。丁香精油的主要成分为丁香酚、乙酸酯、石竹烯等。丁香具浓烈的香气、一定的辛辣味和苦味，但加热后味道会变柔和。作为配制复合调料的重要原料，

丁香

使用中应注意：丁香的香味十分浓郁，用量不宜过大。主要用于调味汁，磨碎后可使用于蛋糕、面包、水果中。

3. 豆蔻

（1）白豆蔻 白豆蔻也称为豆蔻、壳蔻、白蔻仁、蔻米等，为姜科多年生常绿草本豆蔻的果实。我国广东、广西、云南、贵州等地都有分布。

白豆蔻

白豆蔻的蒴果呈卵圆形，种子暗棕色。含有豆蔻素、丁香酚、松油醇等成分，芳香苦辛。可以用来去异味、增辛香。

（2）草豆蔻 草豆蔻也称为漏蔻、草蔻、大草蔻、偶子、草蔻仁、飞雷子等，为姜科多年生草本植物草豆蔻的果实。产于我国广东、广西。

草豆蔻

草豆蔻的蒴果呈球形，直径约3厘米，熟时金黄色。具有芳香、苦辣的风味。常用来去除原料的异味，增加香味。

（3）肉豆蔻 肉豆蔻又名肉果，为肉豆蔻科常绿乔木肉豆蔻的果实。原产于印度尼西亚马鲁古群岛，在热带地区广为栽培。

肉豆蔻

肉豆蔻的果实近球形，果皮带红色或黄色，成熟后裂为两半，露出的深红色假种皮称为肉豆蔻衣，其内有坚硬的种皮和种子。肉豆蔻衣和种子均具有略带甜苦味的浓烈的香气。香味来源比较复杂，主要有肉豆蔻醚等香味物质。常与其他香味调料如花椒、丁香、陈皮等配合使用。主要用于烤制点心、制作甜品等。

4. 草果

草果又称草果仁、草果子，为姜科多年生丛生草本植物草果的果实。我国的云南、贵州、广西以及东南亚地区均有出产。

草果

草果的蒴果为卵状椭圆形，成熟后为红色，含有芳樟醇、苯酮等成分。味辣而稍有甜味，具浓烈的苦香味。选择时以果大饱满、色泽红润、香味浓郁、无异味者为佳。

5. 荜拨

荜拨又称为毕勃、荜茇、荜菝等，为胡椒科多年生藤本植物荜拨的果实。原产于印度尼西亚、越南、菲律宾，我国产于云南、贵州、广西等地。

荜拨

荜拨的果为小浆果，聚生于穗状花序上，干燥后为细长的果穗。具有类似于胡椒的特殊香气，并有一定的辛辣味。含胡椒碱、棕榈酸、四氢胡椒酸、芝麻素等呈香成分，有矫味、增香、除异的作用。

6. 姜黄

姜黄为姜科多年生草本植物姜黄的根状茎。原产亚洲南部，我国东南部至西南部均有分布。

姜黄的根状茎由于含姜黄色素，而呈黄色；并因所含主要成分为姜黄酮、姜黄醇和姜黄烯醇的挥发油而具有香气，可作为芳香调味料使用。

姜黄

7. 香菜籽

香菜籽也就是香菜的果实，一般当香菜长至开出白色小花后，过不久就会结出果实。香菜籽为双圆球形，表面淡黄棕色，成熟果实坚硬，带有花纹，气芳香，带有温和的芳香和鼠尾草以及柠檬的混合味道。当种子变为褐色的时候就可以采收了，经脱粒、晒干即可提取呈香物质。味微辣，原产于地中海沿岸。常用于腌制食物，磨成的细粉可用于许多食品调味中，是烹调的理想香料之一。

在西点中主要用于黑麦面包等。

香菜籽

8. 莳萝籽

莳萝籽是一年或二年生草本植物的种子。茎直立，平滑。叶互生，具长柄，二或三回羽状全裂，末回裂片线形。复伞形花序，花冠黄色。双悬果椭圆形，外面棕黄色，两侧肋线呈翅状，肋线间具油管。种子椭圆形，花期夏季。原产欧洲南部，现今世界各地广泛栽培。我国除栽培外，亦有野生。嫩茎和叶可即时采作鲜用。采集种子则于果实成熟后收取果枝，晒干，打下果实，去净杂质，再晒至干透为度，种子可整粒或研碎备用。使用部分为伞形科植物莳萝的嫩茎叶及种子。

莳萝籽干燥磨粉后用作香辛料，可添加在调味汁、面包中。

莳萝籽

9. 黑种草籽

黑种草，一年生植物，原产于地中海地区。黑种草的果实是

黑种草籽

球状的蒴果，其种子有坚果、胡椒的辛辣味道，常用于面包中。

10. 山葵

山葵

山葵，十字花科，是一种生长于海拔 1300~2500 米高寒山区林荫下的珍稀辛香植物蔬菜。山葵是当今世界上所发现的一种特殊的食用保健植物，在国际市场上是极为珍贵的调味食品。由于山葵生长条件特殊，适宜生长种植的地方有限，现在国际市场上的山葵产品极为稀缺。山葵不但口感好，有丰富的营养成分，还含有免疫调节作用和抗菌、抗癌、抗氧化等多种药理作用。

同类香辛类调味品还有两种：一是制造芥末的芥菜类蔬菜（包括十字花科的某些植物种子）；二是制造青芥辣的辣根。

11. 多香果

多香果

多香果是一种桃金娘科的高大常绿乔木。主产地为牙买加、古巴等中南美洲国家，是只有在美洲大陆才能培育的植物，喜生于酷热及干旱地区。棕色小干果仁，收采后于酷日下晒干至果皮红棕色。干燥后种子产生类似肉桂、丁香和肉豆蔻的混合芳香气味，故称多香果。

主要用于派和布丁等西点中。

12. 茴芹籽

茴芹籽

茴芹，为伞形科茴芹属一年生草本植物，成熟后收获具有甘草香味的果实（茴芹籽），果实近卵圆形。原产埃及和地中海东部地区，栽培于欧洲、俄罗斯南部、近东、北非、巴基斯坦、中国、墨西哥、美国。种子可作为食品的调味料及药用，幼苗可作青菜或沙拉配菜用。

主要用于饼干、面包等西点中。

13. 小茴香籽

小茴香籽

小茴香籽，别名茴香、小茴、小香、角茴香、谷茴香，像香菜籽的小籽，颜色较淡些，果实含有挥发油，其主要成分为反茴香脑和小茴香酮。此外还含有脂肪酸、膳食纤维、茴香脑、小茴香酮和茴香醛等，其香气主要来自茴香酮和茴香醛等香味物质。

14．芥末籽

芥末籽分黑、白、褐色三大类，白色通常用来腌渍食物或调制酱汁、炖煮食物；黑色、褐色则用于爆香、烧烤等料理方式。除了芥末籽之外，芥末的叶子在欧洲也是相当常见的沙拉食材之一。芥末籽闻起来没什么味道，但加热过或磨碎的芥末籽味道会相当浓郁，且滋味也会变得呛辣。

芥末籽

15．芝麻及其制品

芝麻又称乌麻、油麻、脂麻、胡麻等，为脂麻科一年生草本植物芝麻的种子，原产于非洲，我国广泛栽培。芝麻的种子有黑、白、红三种。除作为加工芝麻油、芝麻酱的原料外，也可以直接食用，如制作点心等的馅料，或作为烘焙点心的面料。

芝麻

芝麻酱又称麻酱，是选用上等芝麻，经筛选、水洗、焙炒、风净、磨酱等工序制作而成。成品色浅灰黄，质地细腻，富含脂肪、蛋白质和多种氨基酸，具有浓郁的芝麻油香味。可作为饼类的馅料。

芝麻油又称香油、乌麻油、麻油等，是从芝麻籽中提炼出来的脂肪。因加工方法的不同，可分为小磨香油和大槽麻油。前者色深黄，有浓烈的悦人油香，多用于西点馅料的增香，但用量不宜过大。

第五节　酒

酒跟面包一样，也是天然发酵来的产品，比起色素、香料，它更加天然。好的西点师会巧妙地利用酒的香气与杀菌功效来给自己的作品加分。制作西点时，适当地添加各式的水果香甜酒，不但能提升产品风味，更可突显多层次的丰富口感。

1．西点用酒的分类

（1）发酵酒类　包括葡萄酒、啤酒、米酒和果酒。

（2）蒸馏酒类　包括中国的白酒、法国的白兰地、威士忌、荷兰金酒、伏特加、朗姆酒、特其拉酒。

（3）精炼和综合再制酒类　包括英国金酒、利口酒、味美思酒（苦艾酒）、苦味酒（Bitter）、药酒等。

2．各类酒在西点中的运用

（1）用酒浸泡水果或蜜饯提高产品风味　如酒渍葡萄干、酒渍蔓越莓干、酒渍蓝莓干、酒渍青梅干和各类酒渍水果蜜饯。

（2）将酒直接添加在配方中，制作产品改善产品风味　一般情况酒直接添加在配方中的大多是蛋糕类，例如朗姆酒重油蛋糕和慕斯。

（3）在制作慕斯产品时可以将酒和糖浆一起刷在蛋糕上改善产品风味　现在大多星级酒店和高端的蛋糕店在制作慕斯产品和特殊蛋糕时都会用酒和糖浆来渍蛋糕体，蛋糕的风味就发生很大的变化。

（4）不同的产品搭配不同的酒来享用　根据酒液的浓稠程度不同，使用量也不同。

（5）调整果味西点的口味　在制作加酒的果味西点时，可以用更换果味酒的方法来调整口味。

3．西点中常用的酒类

一般在西点中用酒主要有以下几种：白兰地（樱桃味、杏仁味、橘子味、梨味等），黑朗姆，白朗姆，君度，金万利，百利甜等。

通常在制作蛋糕、曲奇的时候都可以添加调味酒类，调和湿性材料时加入适量的酒，然后再与粉类材料混合，制成成品。

（1）朗姆酒　朗姆酒（Rum）原产古巴，由一种以甘蔗糖蜜为原料的蒸馏酒，口味纯净清澈，适合与各种软饮料搭配。酒色越深，表示年份越久。朗姆酒也称作糖酒、兰姆酒。口感细润，芬芳馥郁，酒精含量从38%～50%不等，从颜色上可以划分为银（白）朗姆、金（琥珀）朗姆、黑（红）朗姆。在西点中，我们经常用到的朗姆酒是金朗姆，因为金朗姆需存入内侧灼焦的旧橡木桶中至少陈酿三年。酒色较深，酒味略甜，香味较浓，用于西点效果最佳。在许多甜点配方中，都少不了朗姆酒。除此之外，朗姆酒也是用来制作鸡尾酒的必备原料。

朗姆酒

糕点用朗姆酒大致可分为黑朗姆酒和白朗姆酒。因酒精度数高，也用于腌渍干果。黑朗姆酒色黑，且香味和口感都比较浓厚，适合用于色深、味浓的点心。朗姆酒可以用来腌渍干果，朗姆酒葡萄干就是最有代表性的腌渍干果之一。如果使用黑朗姆酒的话，干果颜色会变得不再鲜艳。白朗姆酒与黑朗姆酒相比，白朗姆酒味道要温和、清淡，可用于制作无烤乳酪蛋糕。因白朗姆酒无色，可以不用担心会损坏甜点及干果的颜色。腌渍干果时，如果一定要保留颜色鲜艳的话，可以用白朗姆酒。

① 黑朗姆酒：黑色朗姆酒同样是用甘蔗酿造蒸馏而成，颜色为透明的深棕色，有焦糖风味。因深色朗姆酒具有浓厚香气，可用于糕点的制作；经常用于浸泡葡萄干、蜜饯等干果，吸收香气，或者加入面糊中增加风味。在不需要烘烤的甜点，如在慕斯蛋糕、冰淇淋中加入朗姆酒，或者在对烤好的蛋糕进行装裱的时候加入朗姆酒，朗姆酒的酒精成分会留在甜点里，吃起来也许有酒的味道。不过在经过烘烤之后，酒精的成分基本都挥发掉了，而朗姆酒的风味却留在了甜点里边，即使对酒精过敏或者小孩也可以放心食用。

② 白朗姆酒：这是一种以甘蔗为主料的蒸馏酒，白朗姆酒清澈纯净，适合用来进行香料萃取，然后再加入西点甜品，例如浸泡香草荚后再加入冰淇淋中。

朗姆酒是所有酒类中，最能融合各式调味料，并凸显西点产品主要香味的酒。奶油蛋糕、冰淇淋，尤其各种巧克力甜点，都离不开朗姆酒。它可以赋予甜点一种更有层次的香气，尤其是在巧克力蛋糕等味道浓郁的甜点里。同时，朗姆酒也可以用来消除甜腻感，我们在鲜奶油里加入少许朗姆酒，吃起来就不会那么腻。

（2）白兰地　白兰地（Brandy）最早起源于法国，通过对葡萄酒的再次蒸馏而成水果白兰地。凡是以水果为原料，再加上药材、香料等材料所调制而成的混合酒，都统称为"水果白兰地"。把水果的名称放在前面，再加上白兰地，就是这种酒的名称。适合添加在各式水果风味的酱汁、慕斯、蛋糕、冰淇淋及乳制品（包括卡士达酱）中调味，是制作西点时最常添加的高级水果香甜酒，也是鸡尾酒中的调味用酒。

白兰地

水果白兰地是由葡萄以外的其他水果所制成的蒸馏酒，较知名的有产于法国的苹果白兰地、樱桃白兰地，有产于德国、法国等地的李子白兰地等。水果白兰地是有该水果的清香芳气，适宜搭配有该水果种类的蛋糕甜点，如樱桃白兰地搭配樱桃蛋糕甜点，苹果白兰地则加入苹果风味的派、馅、淋酱、慕斯或鲜奶油中，其风味更为明显，令人印象深刻。

樱桃白兰地是用白兰地加入樱桃酿制而成，酒色呈金红色，有果香和杏仁香气。适合用来制作慕斯、果冻、蛋糕、冰淇淋和巧克力等甜品。

（3）利口酒　利口酒又被称为力娇酒、合成酒、香甜酒，它是以蒸馏酒（白兰地、威士忌、朗姆酒、金酒、伏特加）为基酒配制各种调香物品，加上树皮、香草、叶、根、花、种子、果实、药材等一起蒸馏、浸渍或熬煮而成的酒，酒精度不得低于 16%，并需含有 2.5%以上甜分，所以大部分为色彩鲜

利口酒

艳、味道香甜的酒。具有颜色娇美、气味芬芳的特征。利口酒的种类较多，主要有以下几类：柑橘类利口酒、樱桃类利口酒、蓝莓类利口酒、桃子类利口酒、奶油类利口酒、香草类利口酒、咖啡类利口酒。

利口酒常用来调试果酱或是卡仕达酱等酱料的味道，使酱料口感更为醇厚悠扬，在水果派、水果塔、马卡龙、冰淇淋的调味与装饰上，其他酒类不如利口酒。

① 君度橙皮酒：以苦橘皮为原料所制成的酒加入花瓣、叶子、陈皮浸渍增加风味，最后加入糖浆，成品无色透明，最大生产国为法国，酒精浓度40%，可增加西点蛋糕清爽的橘皮香气。

② 柑橘香甜酒：采用葡萄酒加入柳橙、糖所酿造而成，酒精浓度为30%，搭配口味相符的甜点，如橙酒蛋奶酥（舒芙蕾，Soufflé）、柳橙风味果冻、蛋糕等。

③ 君度酒：君度酒是法国产的利口酒，属白橙香酒的一种。在酿造这种酒的法国西部昂热地区，习惯兑在咖啡里。君度酒适合在果味蛋糕中添加，在西点中的适用范围与白兰地类似。

④ 金万利酒：由法国陈年干邑和热带野生柑橘调制而成的著名力娇酒，是制作西点时常添加的高级水果香甜酒，也是鸡尾酒中的调味用酒。

⑤ 咖啡利口酒：咖啡利口酒是以咖啡豆为原料，食用酒精或蒸馏酒为酒基，加入糖、香料，并经勾兑、澄清、过滤等生产工艺配制而成的酒精饮料。其酒精度为20%～30%，酒液呈深褐色，酒体较浓稠，咖啡香味浓郁，是一种极富特色的酒品。适合添加在坚果、乳制品、巧克力及咖啡风味的慕斯或酱汁中，也适合放在牛乳或咖啡中增添风味。其他如杏仁香甜酒、薄荷香甜酒、可可奶酒、樱桃香甜酒等，皆适宜用来搭配该类水果风味的蛋糕西点中，内馅、淋酱、鲜奶油调味、布丁、冰淇淋制作等，均可巧妙运用。

⑥ 椰子甜酒：除了椰子奶油甜酒，清澈的椰子甜酒也可以用于西式甜品，由于本身并没有颜色，因此不会影响成品的色泽，更适合制作慕斯、蛋糕等。

⑦ 樱桃力娇酒：这类果味力娇酒的颜色都非常漂亮，带有水果香气。用来制作各种水果风味的蛋糕、酱汁、慕斯、冰淇淋或乳制品。

⑧ 咖啡甜酒：这是一款用咖啡豆酿造的甜味酒，颜色棕黑，最具代表性的是美国产的Kahlua咖啡甜酒，适合在坚果、乳制品、巧克力和慕斯中添加以增添咖啡风味，也可以加入牛乳或咖啡中。

（4）红酒　红酒是葡萄酒的统称，可以分为红葡萄酒、白葡萄酒、起泡酒三种。

红酒在西点界的应用也十分广泛，果酱的熬制、面包的烘烤、冰淇淋的增味等都可以看到红酒的身影。由于红酒具有减脂保健的作用，许多以健康为目的的西点也都选择了加入红酒以强化保健效果。

起泡酒是将发酵好的葡萄酒装瓶后，加入些许的糖和酵母菌，使其再度发酵的二氧化碳留在瓶内，所以是带有气泡的葡

红酒

萄酒，酒精浓度为9%~14%，有不甜及甜度不同的分别。在甜点的利用上，适宜搭配清爽风味的慕斯或水果冰沙，其特质是其他酒类所不能呈现及取代的。

（5）啤酒 啤酒是人类历史上起源最早的酒精性饮料之一。是以大麦芽、酒花、水为主要原料，经酵母发酵酿制而成，饱含二氧化碳的一种低酒精度酒，被称为液体面包。按原料可以分为黑啤酒、全麦芽啤酒、小麦啤酒、果蔬汁型啤酒等。

啤酒

啤酒在西点上的应用主要集中在面包的制作上，啤酒的加入可以让面包口感更为浓郁，也可以促进酵母更好地生长、繁殖，为面包的发酵提供帮助。三麦面包就是利用黑啤增添口味的一款面包。

需要注意的是，在面包制作中，如果用啤酒代替水来制作面包，水与啤酒的换算比不是等量的，啤酒的水含量大概在90%左右，也就是说在制作面包中，如果用啤酒代替水，应增加啤酒用量。

（6）果冻酒 果冻酒可以被称为甜点界的一朵奇葩，顾名思义就是像果冻一样的酒。通过将水、糖、果汁等原料同伏特加或者其他酒精通过合理混合，再加入卡拉胶等凝固剂而制成的一种固体状态的酒精饮料。果冻酒呈固体状态，酒精浓度一般在10%~15%，基酒一般选择伏特加。可以根据不同口味选择不同的果汁口味及调配不同的酒精浓度，调配出自己喜欢的口味。

果冻酒

果冻酒自身就是一种甜点，但是需要注意的是，果冻酒由于酒精含量不低，所以不适合小孩食用。

（7）其他酒类 其他类型的酒，诸如苦艾酒、龙舌兰、威士忌、伏特加等，在甜点上的应用主要集中在调制鸡尾酒与制作利口酒上。虽然也有一些甜点会直接使用上述几种酒类，但是所用甚少。

实际西点制作中，要根据品种的不同需要选用不同的酒及使用量，一般在制品冷却后添加，以免酒遇热挥发而影响制品风味，同时要注意不要因为酒的加入而失去了产品原有的独特风味。

本章小结 通过对本章的学习，掌握水、油脂、添加剂香草、香料以及西点用酒的性质特点，掌握其在西点制作中的运用以及注意事项，由于原料的一些产地、性质不一，在具体使用上要加以区别，以保证西点产品的质量，尤其是对一些难以掌握、使用较少的原料，更要加深了解。

思考练习题

1　水在西点制作中有什么作用？

2　油脂的化学成分有哪些？油脂在西点制作中有什么作用？

3　西点中常用的油脂有哪些？

4　植物奶油和动物奶油又有什么区别？

5　什么是添加剂？有什么作用？

6　添加剂的分类有哪些？有哪些具体品种？

7　什么是增稠剂？有哪些具体品种？使用时应注意什么？

8　黄原胶有什么特性？有什么作用？

9　什么是食用色素？它是如何分类的？有哪些具体品种？使用时应注意什么？

10　什么是乳化剂？在西点制作中有什么作用？

11　西点制作中使用的酒类有哪些？其运用如何？

12　查阅资料，搜寻世界各地还有哪些辅助类原料。

第七章

调味品

本章主要讲述西点制作中常用到的一些调味料，包括咸味类、甜味类、酸味类、鲜味类、辣味类以及复合调味料，重点讲述这些调味原料的性质特点、西点应用以及应用注意事项。本章所学习的调味品既有传统产品，也有现代产品，学习中要综合分析，通过学习，学生对各类调味品知识有所掌握，并能很好地运用于实践中。

1. 掌握常见调味品的具体种类。

2. 掌握各类调味品的性质特点及其作用。

3. 掌握各类调味品原料在西点制作中的运用。

第一节 调味品概述

一、调味品的概念

调味品又称调味料或调料。就是在制作西点过程中，能够突出西点口味、改善西点外观、增加西点色泽的非主、辅料，统称为调味品。调味原料按味别的不同分为单一调味料和复合调味料。单一调味料又分为咸味调料、甜味调料、酸味调料、鲜味调料、辣味调料、香味调料、苦味调料等。复合调味料是指用两种及以上的单一调味料经加工再制成的调味料，如糖醋味、红油味、香糟味、芥末味等。由于使用的配料、比例及加工习惯的不同，复合调味料的种类很多。

在以上两大类调味料中，单一调味料是调味的基础。只有在了解其组成成分、风味特点、理化特性等知识的基础上，才能正确运用各类调味料，达到为西点赋味、矫味和定味以及增进西点色泽、改善质地、增进食欲等方面的目的。

二、调味品的分类与化学成分

各种调味品具有不同的调味作用，因为它们有自己特定的呈味成分，即化学成分。化学成分的呈味与其化学成分的特性有极密切的联系。不同的化学成分可以通过对人们不同部位的味觉器官的作用引起不同的味感，这就是我们通常感觉的咸、甜、酸、苦、辣、鲜和香等味感。现将可以引起各种味感的化学成分分析如下。

（一）咸味

咸味主要来源于氯化钠，通常称为食盐，是由化学元素氯和钠化合而成的结晶体，也是具有安全性的一种无机盐类，其咸味较其他盐类显著和纯正。其他的一些盐类物质一般都有咸味，但由于化学成分的不同往往杂有苦味。例如：粗盐发苦，是因含有钾、镁的缘故。调味品中的酱油及酱类也具有咸味。其实它们都是含有食盐成分的加工制品，其咸味仍是氯化钠成分所致。

（二）甜味

甜味调味品主要有食糖、蜂蜜和糖精。食糖为有机碳水化合物的糖类成分提炼而成的；蜂蜜是人工养殖的蜜蜂采花蜜酿制而成；它们的甜味来源主要是具有生甜作用的氨基、羟基、亚氨基等基团与负电性氧或氮原子结合的化合物质产生的，其甜度一般以蔗糖为标准。蔗糖是食糖的主要成分，蔗糖是由两个单糖分子结合而成的糖，水解能生成一个分子的葡萄糖和一个分子的果糖。果糖的甜度大大高于蔗糖。

（三）酸味

酸味是由有机酸和无机酸及盐类分解的氢离子所产生的。不同种类的酸具有不同的酸味感，调味用的多种食醋、番茄酱等都有酸味。酸味的主要成分是醋酸、乳酸、酒石酸、柠檬酸等，这些都是有机酸，有机酸是一种弱酸，能参与人体的正常代谢，一般对人体健康无影响，能溶于水，其酸味不如无机酸强烈。

（四）辣味

辣味是一些不挥发的刺激成分刺激口腔黏膜所产生的感觉。辣味的调味品较多，其成分很复杂，辣味可分为热辣味和辛辣味两大类：热辣味是在口腔中能引起烧灼感的辣味，如辣椒就属于此类；辛辣味是具有冲鼻刺激感的辣味，除作用于口腔黏膜外，还有一定的挥发成分刺激嗅觉器官，如生姜、大蒜等辣味就属此类。但是不同品种的辣味来自于不同的成分。比如：辣椒的辣味来自辣椒碱成分；胡椒面的辣味则是辣椒碱和椒脂成分所产生的；生姜的辛辣是由姜油酮和姜辛素成分构成；葱、蒜的辛辣味是蒜素所致。

（五）鲜味

鲜味调味品可以增加菜肴的美味。调味品中的味精、蚝油等都有鲜味。鲜味的主要有效成分是氨基酸、酰胺、三甲基胺、核苷酸等。如味精、酱油的鲜味就是氨基酸类的谷氨酸钠。

（六）香味

香味主要来源于挥发性的芳香醇、芳香醛、芳香酮以及酯类和萜烃类等化合物。常用的呈香味的调味品有大茴香、小茴香、桂皮、花椒等，都含有这类化学成分。还有黄酒、芝麻等也有香味，它们的香味也来自这类化合物。如芝麻油、芝麻酱含有酚基化合物的芝麻素，黄酒的香味来自于脂类。酱油的香味是组酯类、胺类、醛类及酸类所组成的。

（七）苦味

苦味主要来源于黄嘌呤物质的生物碱和糖苷两大类，如苦杏仁苷、咖啡碱等。调味品中陈皮是典型的苦味，它主要成分是糖苷的柚皮苷和新橙皮苷。

第二节　常见调味品种类

一、咸味类

咸味是一种能独立存在的味，是主味，被称为"百味之主"，是绝大多数复合味形成的基础味。它还能与其他的味相互作用，产生一定程度上的口味变化。若与酸味相结合、少量食盐可使酸味增强，微量食醋可使咸味增强；若与甜味结合，可使甜味突出，而适量的糖可降低咸味；与鲜味结合，则可使咸味柔和，鲜味突出。

食盐

食盐的化学名称为氯化钠，在餐饮和烘焙制品中是不可缺少的调味品，一般在应用于烘焙制品中时可添加在面团中、馅料中和作为表面装饰等，也是人们日常生活中不可缺少的食品之一，每人每天至少需要10～15克，才能保持人体心脏的正常活动和维持正常的渗透压及体内酸碱的平衡。还能促进胃消化液的分泌，增进食欲。此外，食盐还是一种防腐剂，可利用食盐的强渗透力和杀菌作用保藏食物，如腌菜、腌肉、腌鱼、腌蛋等。

食盐

食盐主要品种有下面几类：

（1）海盐　由海水晒取，是食盐的主要来源，约占我国食盐总产的84%以上。主要产区有辽宁、河北、山东、江苏等地。

（2）井盐　用地下咸水熬制成的。我国四川、云南均有井盐生产，而以四川自贡井盐的产量最多。井盐的产量占盐总产量8%左右。因形状的不同，又分花盐、巴盐、筒盐、砧盐四种。

（3）池盐　又称湖盐。我国的池盐是天然产品，资源十分丰富。从内陆的咸水湖中捞取不再加工即可食用。青海的茶卡、察尔汗和内蒙古的雅布赖都是著名的池盐产区。

（4）矿盐　又称岩盐。矿盐是蕴藏在地下的大块盐层，经开采后取得，产量较少，仅占总产量1%左右。无机盐含量很高，氯化钠含量达99%以上，接近加工的精制盐质量，但缺乏碘质。新疆、青海等均有生产。

食盐按加工程度的不同，又可分原盐（粗盐）、洗涤盐、再制盐（精盐）等。原盐是从海水、盐井水直接制得的食盐晶体，含有较多的杂质，除含氯化钠外，还含有氯化钾、氯化镁、硫酸钙、碳酸钠和一定量的水分，所以有苦涩味。洗涤盐是以原盐（主要是海盐）用饱和盐水洗涤的产品。把原盐溶解，制成饱和溶液，以除杂处理后，再蒸发，这样制得的食盐即为再制盐。再制盐的杂质少，品质较高，晶粒呈粉状，色泽洁白，多作为食用。另外，还有人工加碘的再制碘盐，为一些缺碘地方作饮食之用。近年来，还逐步推出一些新产品，如鲜味盐、花椒盐、多味盐等，以满足人们不同的口味需要，是良好的居家食用盐品种。

食盐在西点制作中作用：

①盐具备天然的抑菌功能，所以能够控制酵母的发酵活力，也能影响其产品的发酵时间。

②影响颜色，面团中添加适量的盐能够改良发酵产品表皮颜色，降低面糊焦化程度。

③可改善面团的韧性和弹性。

④调解甜食的口感，盐能使甜味度降低，避免产品过甜而发腻。

⑤适量的盐能改善其原料特有的风味。

二、甜味类

甜味调料在调味中的作用仅次于咸味调料。呈现甜味的物质主要是单糖和双糖，此外还有合成甜味剂糖精钠、非糖类物质甜叶菊苷、糖醇以及部分氨基酸、肽等。这些调料的甜味强度和感觉因品种不同而异。甜味最佳的是果糖。

甜味调料在西点中可以单独成味，同时也用于调制许多复合味型，还起到增强光泽的作用。

1. 食糖

食糖的呈甜物质为蔗糖，是西点中最常用的一种甜味调料。主要从甘蔗、甜菜两种植物中提取。

糖类原料具有易溶性、渗透性和结晶性的性能。

（1）易溶性　易溶性又称溶解性，是指糖类具有较强的吸水性，极易溶解在水中。糖类的溶解性一般以溶解度来表示，不同种类的糖其溶解度不同，果糖最高，其次是蔗糖、葡萄糖。糖的溶解度随温度的升高而增加。

（2）渗透性　渗透性是指糖分子很容易渗透到吸水后的蛋白质分子或其他物质中间，并把已吸收的水排挤出去形成游离水的性能。糖的渗透性随着糖液浓度的增高而增加。

（3）结晶性　结晶性是指糖在浓度高的糖水溶液中，已经溶化的糖分子又会重新结晶的特性。蔗糖极易结晶，为防止糖类制品的结晶，可加入适量的酸性物质。因为在酸的作用下部分蔗糖可转化为单糖，单糖具有防止蔗糖结晶的作用。

糖在西点中的作用如下：

（1）增加制品甜味，提高营养价值　糖在西点制品中具有增加其甜味的作用，不同种类的糖果其甜度不同，如以蔗糖的甜度为100的话，果糖为173，葡萄糖为74，饴糖为32。糖在西点中的营养价值在于它的发热量，如100克糖在人体内可产生1673.6千焦热量。

（2）改善点心的色泽，装饰美化点心的外观　蔗糖具有在170℃以上产生焦糖的特性，因此，加入糖的制品容易产生金黄色或黄褐色，能使烘烤制品产生金黄色或棕黄色的表皮（焦糖化反应和美拉德反应），在烘烤过程中，制品表面变成褐色并散发出香味。此外，糖及糖的再制品（如糖粉）对点心成品的表面装饰也有重要作用。

（3）调节面筋筋力，控制面团性质　糖具有渗透性，面团中加入糖，它不仅吸收面团中的游离水，而且还易渗透到吸水后的蛋白质分子中，使面筋蛋白质中的水分减少，面筋形成度降低，面团弹性减弱。面团加糖多，则吸水率降低，搅拌时间延长，一般高糖配方的面团，面团充分扩展的时间比普通增加50%。大约每增加1%的糖量，面粉吸水率就降低0.6%左右。所以说，糖可以调节面筋筋力，控制面团的性质，降低面团弹性，增加可塑性，使制品外形美观，花纹清晰，防止制品收缩变形。

（4）调节面团发酵速度　糖可作为发酵面团中酵母菌的营养物，促进酵母菌的生长繁殖，产生大量的二氧化碳气体，使制品膨大疏松。加糖量的多与少，对面团发酵速度有影响，在一定范围内，加糖量多，发酵速度快，反之则慢。

（5）防腐作用　对于有一定糖浓度的制品（如各种果酱等），由于糖的渗透性能使微生物脱水，发生细胞的质壁分离，产生生理干燥现象，使微生物的生长发育受到抑制，能减少微生物对糖制品造成的腐败。因此说，糖的成分高，水分含量又少的制品，存放期长。

西点中常用的糖类有下面几种：

（1）红糖　又称土红糖，指带蜜的甘蔗成品糖，甘蔗经榨汁，浓缩形成的带蜜糖，具有颜色、浓郁的糖浆和蜂蜜的香味，在烘焙产品中多用在颜色较深或香味较浓的产品中。按外观不同可分为红糖粉、片糖、条糖、碗糖、糖砖等。成品的纯度较低，颜色从浅黄至棕红都有，结晶颗粒较小，易吸潮溶化，甜度高。

红糖

（2）白砂糖　简称砂糖，是西点使用最广泛的糖。白砂糖是从甘蔗或甜菜中提取糖汁，经过过滤、沉淀、蒸发、结晶、脱色、干燥等工艺而制成的。白砂糖为白色粒状晶体，纯度高，蔗糖含量在99%以上，为品质最佳的一种食糖。其晶体颗粒均匀，颜色洁白，甜味纯正，甜度稍小于红糖。常用于调味、糖色的炒制等。白砂糖按其晶粒大小又有粗砂、中砂、细砂之分。如果是制作海绵蛋糕或戚风蛋糕最好用白砂糖，以颗粒细密者为佳，因为颗粒大的糖往往由于糖的使用量较高或搅拌时间短而不能溶解，如蛋糕成品内仍有白糖的颗粒存在，则会导致蛋糕的品质下降，在条件允许时，最好使用细砂糖。

白砂糖

粗砂糖是我们平常看到的白砂糖，粗砂糖颗粒大，主要用于面包以及饼干表面的装饰。

细砂糖在西点中运用的比较多，容易溶解，打发蛋白霜用细砂糖比较多。细砂糖是烘焙食品制作中常用的一种糖，除了少数品种外，其他都适用，例如戚风蛋糕等。

（3）绵白糖　又称面糖，是由细粒的白砂糖加适量的转化糖浆加工制成的。绵白糖质地细软，色泽洁白，具有光泽，甜度较高，蔗糖含量在97%以上。

绵白糖成品晶体颗粒细小，为粉末状，甜度与白砂糖接近。按加工方法的不同，分为精制和土制两种。精制绵白糖色泽洁白，晶体软细，品质较好；土制绵白糖色泽微黄发暗，品质较差。绵白糖的溶解性高，适合味碟的调制、面团的赋甜等。

绵白糖

2. 糖浆

糖浆又称为化学糖稀，是以淀粉为原料，在酸或酶的作用下，经过不完全水解而制得的含有多种成分的甜味液体。其糖分组成为葡萄糖、麦芽糖、低聚糖、糊精等。常用的糖浆有饴糖浆、葡萄糖浆、转化糖浆等。各种糖浆均具有良好的持水性（吸湿性）、上色性和不易结晶性。在糕点、面包、蜜饯等制作中使用糖浆，具有增色增甜、使制品不易变硬等作用，在酥点

糖浆

的制作中不宜使用糖浆，以免影响酥脆性。面团中加入糖浆，由于糖的吸湿性，它不仅吸收蛋白质胶粒之间的游离水，还会造成胶粒外部浓度增加，使胶粒内部的水产生反渗透作用。降低蛋白质胶粒的吸水性，面筋形成量降低，弹性减弱。

果葡糖浆是新型的淀粉制品，主要组成成分为葡萄糖和果糖，其甜度相当于蔗糖。现在已广泛地应用于面包、糕点、饼干、饮料等食品的生产中。

麦芽糖浆是由淀粉经酵素或酸解作用后的产品，为双糖。内含麦芽糖和少部分糊精及葡萄糖。

葡萄糖浆又称淀粉糖浆、化学稀等。它通常是用玉米淀粉加酸或加酶水解，经脱色、浓缩而制成的黏稠液体。主要成分为葡萄糖、麦芽糖和糊精等，易为人体吸收。在制作糖制品时，加入葡萄糖浆能防止蔗糖的结晶返砂，从而有利于制品的成形，同时也用于一些西饼的制作中。

3. 蜂蜜

蜂蜜是由蜜蜂采集花蜜酿制而成的天然甜味食品，通常为透明或半透明状的黏性液体，带有独特的芳香气味。主要成分葡萄糖、果糖等糖类，还含有一定量的含氮物质、矿物质以及有机酸、维生素和来自蜜蜂消化道中的多种酶类。营养丰富，具有益补润燥、调理脾胃等功效。

蜂蜜除在日常生活中作为营养滋补品食用外，还用于糕点

蜂蜜

的制作，具有增甜、保水、赋予菜品独特风味等方面的作用；也可作为面包、凉糕等的蘸料。

蜂蜜具有不同的香味，色泽好看，甜度也很高。在西点中主要是增加产品风味以及色泽。蜂蜜主要用于蛋糕或小西饼中，以增加产品的风味和色泽。

蜂蜜干粉（又称固体蜂蜜）出现于20世纪50年代的北美地区，后蔓延至欧洲。由于它具有综合营养价值高、功能多、效果好、运用广泛等众多优点而被西方发达国家广泛用作焙烤行业以及其他甜味食品的配料。蜂蜜干粉对烘焙食品中色、香、味、形均具有显著效果，使用蜂蜜干粉的焙烤食品适合各类消费群体，尤其是儿童和老人。它的出现为各种类型的焙烤企业改良产品、研发高档新品、无糖甜味烘焙产品创造了良好条件。添加蜂蜜干粉的焙烤食品，口感好，风味浓郁，层次丰富，余味十足，保鲜期长。

蜂蜜干粉主要由优质蜂蜜、小麦淀粉、卵磷脂等原料加工而成。其色泽为金黄色、淡黄色或浅琥珀色，根据不同用途，生产蜂蜜净含量为40%～70%不同规格的系列产品。主要用于面包、蛋糕、月饼等焙烤食品，也可用于藕粉、芝麻糊、麦片等食品。

4. 饴糖

饴糖又称糖稀、麦芽糖。一般以谷物为原料，通常是利用淀粉酶或大麦芽酶的水解作用制成。主要含有麦芽糖和糊精。饴糖一般为浅棕色的半透明的黏稠液体，其甜度不如蔗糖，但能代替蔗糖使用，多用于派类等制品中，还可作为点心、面包的着色剂。饴糖的持水性强，具有保持点心、面包柔软性的特点。

饴糖

5. 糖粉

糖粉是蔗糖的再制品，为纯白色粉状物，味道与蔗糖相同，分为白砂糖粉和冰糖粉两种。糖粉在西点中可代替白砂糖和绵白糖使用，一般用于糖霜或奶油霜饰和产品含水较少的品种中，在重油蛋糕或蛋糕装饰中常用，也可用于点心的装饰及制作大型点心的模型等。

糖粉

糖粉由于晶粒细小，很容易吸水结块，因而通常采用两种方式解决：一是在糖粉里添加一定比例的淀粉，使糖粉不易凝结，但这样会破坏糖粉的风味；另一种方式就是把糖粉用小规格铝膜袋包装，然后再置于大的包装内密封保存。每次使用一小袋，糖粉通常是直接接触空气后才会结块。

6. 糖霜

糖霜的基础是糖粉和蛋清，也有添加稳定剂的。糖霜很甜，多运用于装饰蛋糕的拉边、修饰等，也可直接撒蛋糕上面。使用时需注意，因为糖霜呈粉末状，特定情况下会燃烧。

7. 焦糖

焦糖又称焦糖色，俗称酱色，是用饴糖、蔗糖等熬成的黏稠液体或粉末，深褐色，有苦味，加热溶化后使之成棕黑色，用于增添香味或代替色素使用。

糖霜

8. 海藻糖

海藻糖又称漏芦糖、蕈糖等，是一种安全、可靠的天然糖类。海藻糖能降低糕点的整体甜味度，并提高材料本身具有的美味和香味，保持糕点的滋味。海藻糖在常温下可延长产品保质期，因而成为西点行业的新宠。

焦糖

9. 艾素糖

艾素糖是一种进口糖，纯度高、品质好，糖体温度可以达到180℃，并且保证不变色不发黄，拉糖后的糖体洁白如玉，用于蛋糕和西点的表面装饰。

海藻糖

10. 糖精

糖精的化学名称为邻磺酰苯甲酰亚胺，是将从煤焦油中提炼出来的甲苯，经过碘化、氯化、氧化、氨化、结晶脱水等一系列化学反应后人工合成的甜味剂。成品为白色或无色的粉末或晶体，无臭，略有芳香气，易溶于水。但糖精溶液在长时间加热和酸性溶液中易分解生成少量的苯甲酸而产生苦味，因此，要尽量避免在长时间加热的食物中和酸性食物中添加糖精。

艾素糖

由于糖精在人体内不参与代谢，不产生热量，适合作为糖尿病人和其他需要低热能食品患者的食品甜味剂，但是用量最大不得超过0.15克/千克。糖精一般不单独使用，主要作为辅助的甜味剂用于糕点、酱菜、浓缩果汁、调味酱汁等中。在食用量较大的主食，如馒头、发糕等及婴幼儿食品中不得使用糖精。

糖精

11．木糖醇

木糖醇不是糖，属于糖醇类，是从白桦树、橡树、玉米芯、甘蔗渣等植物原料中提取出来的一种天然甜味剂。甜度与蔗糖相当，溶于水时可吸收大量热量，是所有糖醇甜味剂中吸热值最大的一种，故以固体形式食用时，会在口中产生令人愉快的清凉感。依据我国食品安全国家标准，木糖醇可作为甜味剂按生产需要用于各类食品中。木糖醇为白色粉末，甜度与蔗糖相近，而且，木糖醇在体内的代谢与胰岛素无关，不会增加血糖含量，特别适合糖尿病人食品的赋甜。欧美许多国家已将其用于面包、点心、果酱中。

木糖醇

12．风登糖

风登糖又称翻砂糖、封糖、方旦糖、部分转化糖、部分转化部分结晶糖。它是以砂糖为主要原料，用适量的水、葡萄糖或醋精、柠檬酸熬制，经反复搓叠而成。风登糖呈膏状，柔软滑润，洁白细腻，可用于蛋糕包面、面包、糕点和蛋糕的表面装饰等。通过对糖的深度加工，使糖赋予了更好的可塑性和极佳的延展性，并且可以塑造出各式各样的造型，并将精细特色完美地展现出来，造型的艺术性无可比拟，充分体现了个性与艺术的完美结合。

风登糖

13．白帽糖

白帽糖又称粉糖膏、粉糖蛋清膏、皇家糖霜，使用糖粉和蛋清或明胶等混合而成的具有可塑性的糖膏。

白帽糖糖膏的可塑性强，可拉制成精细花纹，裱制立体花，制作饰板等。一般用于蛋糕表面装饰和大型装饰蛋糕、橱窗样品。

白帽糖

14．杏仁膏

杏仁膏又被称为马司板、杏仁面、杏仁面团，是由杏仁和砂糖经加工制作而成的膏状原料。它细腻、柔软、可塑性好，是制作高级西点的原料。

在西点制作中，杏仁膏可制作杏仁饼干、杏仁蛋糕等，也可制作馅料。或做水果、蔬菜等造型，可滚压成薄片，装饰在糖霜蛋糕上，如生日蛋糕、婚礼蛋糕和圣诞蛋糕等，是糕点装饰的好材料。在甜品中，杏仁膏昔遍用于填充巧克力。

杏仁膏

15．巧克力

巧克力，原产中南美洲，其鼻祖是"xocolatl"，意为"苦水"。其主要原料可可豆产于赤道南北纬18度以内的狭长地带。

巧克力是以可可浆和可可脂为主要原料制成的一种甜食。它不但口感细腻甜美，而且还具有一股浓郁的香气。巧克力可以直接食用，也可被用来制作蛋糕、冰淇淋等。

巧克力不仅是世界上最流行的甜食之一，同时也是制作装饰品的理想原料，从简单甜食到精心准备的展示品都可以用巧克力制作。

巧克力

巧克力常作为面包、蛋糕、小西饼的馅料、夹层和表面涂层、装饰配件，具有细腻润滑的口感，赋予制品浓郁而优美的香味，丰富产品的外观和营养价值。

巧克力是由可可浆、可可粉、可可脂、类可可脂、代可可脂、乳制品、白砂糖、香料和表面活性剂等为基本原料，经过混合、精磨、精炼、调温、浇模等工序的科学加工而制成的，具有独特的色泽、香气、滋味和精细质感的耐保藏、高热值香甜固体食品。

（1）巧克力的种类

① 巧克力按其配方中原料油脂的性质和来源不同，可分为天然可可脂纯巧克力和代可可脂纯巧克力两大类。

② 按照所加辅料不同可分为：黑巧克力、白巧克力、牛奶巧克力、特色巧克力、无味巧克力等。

（2）巧克力储存

① 巧克力的熔点在360℃左右，是一种热敏性强、不易保存的食品。储存温度应该控制在12～180℃，相对湿度不高于65%。储存不当会发生软化变形、表面斑白、内部翻砂、串味或香气减少等现象。

② 打开包装后或没有用完的巧克力必须再次用保鲜膜密封，置于阴凉、干燥及通风之处，且温度恒定为佳。巧克力酱或馅料必须放入保险柜中储存。

③ 保存适当，纯巧克力及苦甜巧克力可以放置一年以上。牛奶巧克力及白巧克力不宜久放，一般不超过六个月。

甜味调料的品质检验：

（1）白砂糖　优质白砂糖色泽洁白明亮，晶粒整齐、均匀、坚实，无水分和杂质，还原糖的含量低，溶解在清洁的水中清澈、透明，无异味。

（2）绵白糖　优质绵白糖色泽洁白，晶粒细小，质地绵软易溶于水，无杂质、异味。

（3）蜂蜜　优质蜂蜜色淡黄，呈半透明的黏稠液体状，味甜、无酸味、酒味和其他异味。

（4）饴糖　优质饴糖呈浅棕色的半透明黏稠液体状，无酸味和其他异味，洁净无杂质。

（5）淀粉糖浆　优质淀粉糖浆呈无色或微黄色，透明，无杂质，无异味。

糖的贮存：

糖很容易受外界温度的影响，特别是西点常用的白砂糖、绵白糖，在保管中易发生溶化和干缩结块现象。

糖的吸湿溶化是指糖在湿度较大的环境中贮存，糖能吸收空气中的水分，使糖发黏的现象。糖的吸湿性与糖中所含还原糖、灰分的多少有密切关系。

糖的干缩结块是指糖受潮后的另一变化，即受潮后的糖，在干燥环境保存时，水分散失，糖重新结晶。糖的这一现象，能使松散的糖粒粘连在一起，形成坚硬的糖。

为防止蔗糖在贮存中的吸湿溶化和干缩结块，蔗糖应保存在干燥、通风、无异味的环境中，并注意贮存环境的温度、湿度及清洁。同时要防蝇、防鼠、防尘、防异味。糖若放容器中，要加盖或用防潮纸、塑料布等隔潮，以防外界潮气的侵入。此外，保管糖粉，要在重压或温差大的环境下存放。蜂蜜、饴糖、淀粉糖浆则要密封保管，防止污染。

三、酸味类

酸味是无机酸、有机酸及酸性盐等解离出氢离子的化合物特有的一种味。酸味类的调味品主要为食醋，它能去腥解腻，增加鲜味和香味，能在食物加热过程中保护维生素C不受破坏，还可使原料中的钙质溶解而利于人体吸收，对细菌也有一定的杀灭和消毒作用。

食醋

1. 食醋

食醋又称醋，是以粮食、果实、酒类等含有淀粉、糖类、酒精的原料，经微生物发酵酿造成的一种酸性液体调味料，其主要成分是醋酸，还含不挥发酸、氨基酸、糖等。

食醋因原料和制作方法的不同，可分为酿造醋和人工合成醋两大类；从色泽分有白醋和红醋两种。

食醋在西点中的应用主要是用于西点的馅料调味，特别是用于荤馅的调味，起到去腥解腻的作用。

2. 番茄酱

番茄酱是指将新鲜成熟的番茄洗净、去皮、去籽、磨细，经加工制成的一种酱状调味品原料。番茄酱以其色泽红艳、滋

番茄酱

润、味酸鲜香、质地细腻、无杂质者为佳品。

番茄酱主要是利用其鲜艳红润的颜色，在西点中起到调味
和点缀的作用。

3. 柠檬汁

柠檬汁

柠檬汁是从鲜柠檬中榨取的汁液，现在也有人工合成的柠
檬汁，是用柠檬酸加水稀释而成的，其口味不如前者。

柠檬汁在西点中使用较多，但近几年在中点中也有应用，
主要作为点心上的浇汁使用。

四、鲜味类

鲜味是食品的一种复杂的美味感。鲜味呈味物含有核苷酸、氨基酸、酰胺、肽、有机酸等
物质。鲜味不是独立存在，需要在咸味的基础上发挥作用。

1. 味精

味精

味精是西点中常用的鲜味调味品，它的化学名称为谷氨酸
钠（即谷氨酸一钠），从大豆或小麦面筋及其他含蛋白质较多
的物质中提炼制成，现多用淀粉经发酵制成。味精有的呈结晶
状，有的呈粉末状，除含有谷氨酸外，还含有少量的食盐，
我国规定按谷氨酸钠量的多少分为五种规格（即含量分别为
99%、95%、90%、80%、60%）。全国各地均有生产。

味精的性质微有吸湿性，易溶于水，味道极鲜美，用水冲
淡3000倍仍能感觉到鲜味。味精含鲜味与溶解度有很大的关
系，在弱酸和中性溶液中，溶解度最大，具有强烈的肉鲜味；在碱性溶液中不但没有鲜味，反
而有不良气味，因为谷氨酸一钠在碱性溶液中能变成没有鲜味的谷氨酸二钠。味精在70～90℃
时溶解度最好，而在高温下则能使谷氨酸一钠变成焦谷氨酸钠而失去鲜味，甚至产生毒性。味
精在强酸性溶液中，溶解度极小，所以鲜味也很小。由此，在使用味精时不宜在高温下加入，
而在凉菜中，因温度低，不易溶解，鲜味发挥不出来，应适当用温开水溶解后浇入凉菜。还应
尽量地避免在碱性和酸性条件下使用味精，避免产生不良的变化。使用味精还要适量，用量
多，会产生一种似咸非咸，似涩非涩的怪味。

味精不仅是很好的鲜味调味品，也是一种很好的营养品。因为味精的成分是由蛋白质分解
出来的氨基酸成分，能为人体直接吸收，对改变细胞的营养状况，防止儿童发育不良，治疗神
经衰弱等都有一定的作用。

味精在西点中主要用于调制馅料。

2. 鸡精

鸡精仅是味精的一种，主要成分都是谷氨酸钠发展而来，鲜度是谷氨酸钠的2倍以上。由于鸡精中含有鲜味核苷酸作为增鲜剂，具有增鲜作用，纯度低于味精。鸡精是一种复合鲜味剂，是日常使用的调味品。鸡精由于是复合调味品，相对保质期为1～2年，而95%纯度的味精保质期为3年。

在西点中主要是作为调制馅料的调味粉。

鸡精

3. 蚝油

蚝油是利用鲜牡蛎加工干制时煮的汤汁，经浓缩后调制而成的一种液体调味品。

蚝油含有牡蛎肉浸出物中的各种呈味成分，具有浓郁的鲜味，是我国广东等地的特产，色泽棕黑，汁稠滋润，鲜香浓郁。

在西点中主要用于馅料调味。

蚝油

4. 鱼露

鱼露是以小杂鱼为原料，经腌制发酵后提炼的一种调味品，其色泽棕红或橙黄色，具有特殊的鲜味。鱼露主要起到提鲜、增香作用。

在西点中常用作点心馅料的调味。

鱼露

5. 沙茶酱

沙茶酱，原是印度尼西亚的一种风味食品。其原义是烤肉串的调料，多用羊肉、鸡肉或猪肉，所用的调料味道辛辣，传入中国后，只取其辛辣特点。

沙茶酱是盛行于福建、广东等地的一种混合型调味品。色泽淡褐，呈糊酱状，具有大蒜、洋葱、花生米等特殊的复合香味，虾米和生抽的复合鲜咸味，以及轻微的甜、辣味。

沙茶酱在西点中多用于一些特殊的馅料的调味。

沙茶酱

五、辣味类

辣味也称辛味，是通过对人体的味觉器官的强烈刺激所产生的独特的辛辣和芳香，其辛辣味主要由辣椒碱、椒脂碱、姜酮、姜辛素等产生。辣味在食品中也不能独立运用，需与其他诸味配合才能发挥作用，是形成各种辣味型复合味的重要味别。用辣味调味品制作的食品别具风味，我国的川菜、湘菜使用广泛，并以此而闻名，为人们所喜爱。

1. 辣椒制品

辣椒果实经干制后可加工成各种制品，如辣椒酱、辣椒粉、辣椒油等。辣椒粉末与酿造酱可加工成辣酱，新鲜的红辣椒经碾磨熬制成糊状物也叫辣椒酱。辣椒晒干后经碾成粉末即可制成辣椒粉。辣椒成熟后变红的干辣椒与油熬制可制成辣椒油。因为辣椒含有烈性的辣椒素成分，其各种制品辣味均很强烈，加工后的制品也因辣椒含有红色素多呈黄棕色或棕红色。

在西点中主要应用于制作辣味馅料，也可用于蘸食。

2. 胡椒粉

胡椒粉是由胡椒果实碾压而成，有黑胡椒粉和白胡椒粉两种。胡椒果实成熟后，经晒干碾成粉末称为黑胡椒粉，呈灰棕色。成熟的果实用盐水或石灰水浸渍后，在阳光下晒干，用去皮机除去果皮再碾成粉末即为白胡椒粉。白胡椒粉的烈味及芳香均较黑胡椒粉为弱，因气味较佳，故市场供应较多。

胡椒粉

胡椒粉含有胡椒碱和挥发油等成分，味苦辣而芳香，是良好的辣味调味品。在西点中主要应用于制作馅料，也有用于皮子的制作。

3. 芥末粉

芥末粉是由芥菜籽碾磨而成，有黑芥末粉和白芥末粉两种，来源于两种不同品种的芥菜籽。黑芥末粉为黄棕色，味极刺鼻带辛辣；白芥末粉呈淡黄色，味亦刺激。二者成分相似，苦辣味主要由芥末油产生。芥末的品质以油性大、辣味足、有香气、无异味、无霉变者为佳。在西点中的应用是用来调制馅心和一些小吃。使用时以温开水搅成糊状，在常温下静置约2小时，待产生强烈的冲鼻气味和上口极辣的感觉后即可使用。在调拌成糊状时常加入少许糖、醋除去苦味，加入少许植物油增进香味。现在市场上也有芥末油、芥末膏等销售，可以直接使用。

芥末粉

4．咖喱粉

咖喱粉是由20多种香辛调料调制而成的一种味辛辣微甜、呈黄色或黄褐色的粉状调味料。咖喱源于印度，现各地均有加工制作。

主要配料有胡椒、辣椒、生姜、肉桂、肉豆蔻、茴香、芫荽籽、甘草、橘皮、姜黄等。将各种香辛料干燥粉碎后混合，或粉碎焙炒，然后贮放待其成熟。咖喱粉的品质以色泽深黄、粉质细腻、松散无块、无杂质、无异味者为佳。

在西点中咖喱粉主要用于点心馅料的调制。

咖喱粉

六、其他香味调料

除上述咸味类、甜味类、酸味类、鲜味类、辣味类调味品之外，还有一些其他成分的粉状调味类。在烹饪中常用的如五香粉，在西点制作中常用的如抹茶粉等。

1．五香粉

在各地的配方有所不同，传统加工中常用花椒、桂皮、八角茴香、丁香、小茴香制成，也可加入味精、盐、辣椒粉制成"五香鲜辣粉"。具有纯正的五香味，主要用于西点馅料或撒在点心上。

五香粉

2．抹茶粉

抹茶粉是采用天然石磨碾磨成微粉状的蒸青绿茶。抹茶自带天然鲜绿色泽，香味醇正清雅，含有丰富的人体所必需的营养成分和微量元素，无添加剂、无防腐剂、无人工色素，可以增香增色增味，广泛应用于各类西点烘焙，比如抹茶巧克力、抹茶冰淇淋、抹茶蛋糕、抹茶面包、抹茶果冻、抹茶糖果等。

但要注意，抹茶不同于一般的绿茶粉，更不是一般意义上的茶叶粉碎物。抹茶的制作对茶叶品种、种植方法、种植区域、加工工艺、加工设备都有非常苛刻的要求。在产品标识上，外国企业大多比较规范，特别是日本的企业，他们绝对不会轻易使用"抹茶粉"。所以，在购买抹茶粉时要注意分辨，以免错把绿茶粉当成了抹茶粉。

抹茶粉

本章小结　　通过对本章的学习，掌握调味品的性质特点，掌握其在西点制作中的运用以及注意事项，由于原料的一些产地性质不一，在具体使用上要加以区别，以保证西点产品的品质，尤其是对一些难以掌握，使用较少的原料，更要加深了解。

思考练习题

① 什么是调味品？每种味型常用的调味品有哪些？

② 糖在西点制作中有什么作用？西点中常用的甜味品有哪些？

③ 甜味调料的品质检验标准是什么？

④ 食盐有哪些种类？在西点制作中有什么作用？

参考文献

［1］崔桂友. 烹饪原料学［M］. 北京：中国轻工出版社，2000.

［2］陈金标. 烹饪原料［M］. 3版. 北京：中国轻工出版社，2020.

［3］陈洪华，李祥睿. 西点制作教程［M］. 2版. 北京：中国轻工出版社，2020.

［4］钟志惠. 西点制作技术［M］. 北京：科学出版社，2010.

［5］黄勤忠. 烹饪原料知识［M］. 北京：中国商业出版社，2000.

［6］周宏. 烹饪原料知识［M］. 北京：中国劳动社会保障出版社，2007.

［7］唐文，王吉林. 烹饪原料知识［M］. 大连：东北财经大学出版社，2003.